烟台市主要河流
生态基流保障规划及研究

衣学军　张润庆　刘　俊　刘帮玉　等◎编著

河海大学出版社
HOHAI UNIVERSITY PRESS

·南京·

图书在版编目（ＣＩＰ）数据

烟台市主要河流生态基流保障规划及研究 / 衣学军
等编著. －－南京：河海大学出版社，2020.8
 ISBN 978-7-5630-6431-1

 Ⅰ. ①烟… Ⅱ. ①衣… Ⅲ. ①河流－基流－生态环境
建设－研究－烟台 Ⅳ. ①X522

中国版本图书馆 CIP 数据核字（2020）第 147593 号

书　　　名　**烟台市主要河流生态基流保障规划及研究**
　　　　　　　YANTAI SHI ZHUYAO HELIU SHENGTAI JILIU BAOZHANG GUIHUA JI YANJIU
书　　　号　ISBN 978-7-5630-6431-1
责任编辑　章玉霞
责任校对　齐　岩
装帧设计　徐娟娟
出版发行　河海大学出版社
地　　　址　南京市西康路 1 号（邮编：210098）
电　　　话　（025）83737852（总编室）
　　　　　　　（025）83722833（营销部）
经　　　销　江苏省新华发行集团有限公司
排　　　版　南京布克文化发展有限公司
印　　　刷　虎彩印艺股份有限公司
开　　　本　787 毫米×960 毫米　1/16
印　　　张　11.5
字　　　数　206 千字
版　　　次　2020 年 8 月第 1 版
印　　　次　2020 年 8 月第 1 次印刷
定　　　价　69.00 元

审　核：李秀强　张永安

编　著：衣学军　张润庆　刘　俊　刘帮玉

统　稿：衣学军　刘延俊　姚　成

主要编著人员：

第 1 章　衣学军　张润庆　刘延俊

第 2 章　刘帮玉　张道长　毕庶刚　于　鹏

第 3 章　刘　俊　姚　成　刘延俊　高　成

第 4 章　衣学军　刘　俊　张道长　毕庶刚　于　鹏

第 5 章　刘　俊　刘帮玉　衣学军　姚　成　高　成

第 6 章　刘帮玉　张润庆　刘延俊　衣学军

第 7 章　衣学军　刘　俊　刘帮玉

主要参加人员：

谢昊文　周　宏　朱博然　何　蒙　邵帅兵

罗伟林　王路平　孙英强　张晓磊　夏　霖

目录

第一章 | 研究背景与任务

1.1 研究背景

　　河流为区域生态建设的载体,保障河流生态基流是实现河道最低生态功能、维持河道生态系统的最基础要求。2015 年 4 月 2 日,国务院印发了《水污染防治行动计划》(国发〔2015〕17 号),明确提出:要科学确定生态流量,加强江河湖库水量调度管理,完善水量调度方案,维持河湖基本生态用水需求,重点保障枯水期生态基流。2015 年 12 月 31 日,山东省人民政府印发了《山东省落实〈水污染防治行动计划〉实施方案》(鲁政发〔2015〕31 号),提出编制重点流域生态流量(水位)试点工作实施方案,在小清河、淮河等流域开展试点,分期分批确定主要河流生态流量和湖泊、水库以及地下水的合理水位的工作安排。2016 年 8 月 9 日,烟台市人民政府印发了《烟台市落实〈水污染防治行动计划〉实施方案》(烟政发〔2016〕17 号),提出编制重点流域生态流量(水位)试点工作实施方案,分期分批确定主要河流生态流量和湖泊、水库以及地下水的合理水位;建立科学合理的闸坝联合调度体系,制定并实施水量调度管理方案,维持河湖基本生态用水需求。

　　为全面贯彻落实国务院、省政府、市政府关于开展河流生态流量管理的要求,从涵养水源、修复生态入手,统筹考虑各主要河流上下游、左右岸、地上地下、城市乡村、工程措施与非工程措施,综合分析水资源、水环境及水生态问题,科学确定河道生态基流,烟台市水利局委托河海大学开展烟台市主要河流生态基流保障规划及研究。

1.2 研究目标与内容

1.2.1 研究目标

　　以烟台市水资源承载能力为基础,以满足主要河流生态基流水量要求为目标,针对烟台市地域特点采用科学合理的计算方法明确河道生态基流量数值,针对当前河流生态存在的主要问题,充分挖掘水资源利用潜力,科学分配引水流量,研究规划系列技术措施、工程措施和管理措施,协调社会经济发展与生态环境用水短缺的矛盾问题,制定生态基流保障方案,提高河流生态修复的能力,建设水资源可持续利用和水生态功能健全的水资源可持续利用与保护格局,为实现烟台市各主要流域水-经济社会-生态环境协同发展提供重要支撑与保障。

1.2.2　研究内容

收集烟台市水文气象、水利工程、社会经济、基础地理、土地利用、土壤、植被、下垫面、数字高程模型、遥感影像、水资源开发利用、污染源分布、截污管网等信息,结合现场调研,分析烟台市水资源利用现状,并明确13条主要河道国控断面频繁断流原因,提出烟台市主要河流生态基流保障方案,主要研究内容如下:

(1)主要河流生态基流计算

根据所收集到的数据资料,采用目前国内外常用的生态基流计算方法对烟台市13条主要河流进行生态基流计算,并比较计算结果差异,选择适用于烟台市的计算方法,确定13条主要河道的生态基流。

(2)生态基流保障程度及断流原因分析

针对烟台市水资源开发利用现状以及水利工程建设现状进行简单分析,仅以大沽夹河、黄水河、五龙河、王河和东村河为重点分析流域,针对这五个流域进行现状水资源分析以及河道断流现状分析。之后根据主要河道的生态基流目标值以及已有的实测数据,分析现状条件下有资料流域的生态基流保障程度,并根据各流域的特点分析断流原因。

(3)典型流域生态补水量计算

由于汛期来水情况复杂多变,难以确定河道内流量状态,设定汛期结束时河道水量满足十月份生态需水要求,从十月份之后开始计算河道生态补水量,计算时考虑河道下渗及蒸发损失。本研究通过流域内多年平均蒸发值推算流域蒸发量,并根据相应水文站资料,构建降雨-径流模型推算河道下渗水量,并在此基础上计算逐月生态补水量。

(4)典型河道生态基流保障方案

选取大沽夹河、黄水河、五龙河、王河、东村河、界河、辛安河、沁水河、泳汶河、龙山河、平畅河和大沽河为典型河道,利用各河道现有水利工程措施,充分挖掘水资源利用潜力,并在此基础上制定相应措施规划保障流域生态基流,并对各方案投资进行相应估算。

（5）对其他行业用水的影响

本研究提出的生态基流保障方案根据各典型流域生态基流保障方案，得到各典型流域为满足生态基流所需要使用的水量。分析该生态补水量是否占用流域内其他行业用水，是否影响流域内其他行业的正常发展。

（6）生态监测

各流域控制河段的生态基流得到保障后，需要运用科学的方法对环境水因子进行监控、测量、分析以及预警。通过对水文、水生生物、水质等水生态要素的监测和数据收集，分析评价水生态的现状和变化，为水生态系统保护与修复提供依据。

1.3 技术路线

根据研究内容和研究思路，拟定技术路线，如图 1-1 所示。

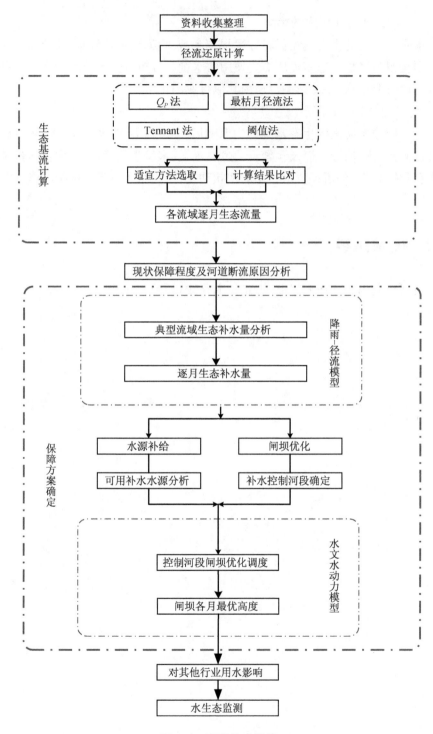

图 1-1　研究技术路线

第二章 | 烟台市概况

2.1 自然地理

2.1.1 地理位置

烟台市地处山东半岛中部,位于东经 $119°34'\sim121°57'$,北纬 $36°16'\sim38°23'$,东连威海,西接潍坊,西南与青岛毗邻,北濒渤海、黄海,与辽东半岛对峙,并与大连隔海相望。全市土地面积 13 864.54 km²,其中中心城市辖区面积为 2 722.3 km²,全市海岸线曲长 702.5 km,海岛曲长 206.62 km。

2.1.2 地质地貌

烟台市在区域地质构造上位于胶东隆起区,隶属新华夏系第二隆起带的构造成分。出露地层为中、深变质的太古-元古界胶东群片麻岩、变粒岩、斜长角闪岩,中级变质的下元古界粉子山群长英岩、大理岩及浅变质的上元古界蓬莱群石英岩、板岩等。新生界第四系堆积物主要分布在滨海平原及河间谷地。地貌类型为低山丘陵,山丘起伏和缓,沟壑纵横交错,山地占总面积的 36.62%,丘陵占 39.70%,平原占 20.78%,洼地占 2.90%。

烟台市区地处胶东半岛中东部,为低山丘陵区,有侵蚀构造、构造剥蚀、剥蚀堆积、堆积、海成堆积五大类型地貌,出露的主要地层为古老变质岩系,在断陷盆地中分布着少量中生界、新生界。在莱阳、海阳、栖霞等地断陷盆地内,有中生界侏罗系、白垩系的陆相碎屑沉积,间有陆相火山喷发。新生界第四系堆积物主要分布在滨海平原及河间谷地。区内岩浆岩发育,岩石类型复杂,从酸性到基性均有出露,尤以元古代和中生代燕山期中酸性花岗岩类分布最广泛。海岸地貌主要分岩岸和砂岸两种,西起莱州市虎头崖,东至牟平东山北头,是曲折的岩岸,海蚀地貌显著,其余多为砂岸。

2.1.3 水文气象

烟台市属暖温带季风型大陆性气候,四季分明,由于受海洋调节作用的影响,与同纬度内陆地区比较呈明显的海洋性气候特征,具有空气湿润、雨量适中、冬暖夏凉、气候宜人的特点。全市多年平均年降水量为 674.7 mm(1956—2016年),其中汛期(6—9 月)降水量占全年降水量的 70% 以上,陆上水面蒸发量为 1 080.5 mm,多年平均气温为 11.8 ℃,极端最高气温为 39.8 ℃,极端最低温度为—24 ℃。多年平均无霜期为 205.3 d,历年最大冻土深度为 0.5 m 左右。全市多年平均大于或等于 10 ℃的积温为 3 919.9 ℃,年平均日照时数为 2 439 h,区内季风比较明显,冬季风速最大,春季次之,夏季风速较小,大于或等于八级以上大风年平均日数为 43.1 d。

2.1.4 土壤植被

烟台市土壤主要包括 7 个土类、15 个亚类,7 个土类分别为棕壤、褐土、潮土、盐土、水稻土、山地草甸型土和风砂土。棕壤、潮土和褐土是烟台市的地带性土壤。棕壤是分布最广的土类,面积为 1 368.2 万亩①,占烟台市土壤总面积的 66.35%。

烟台市属温带中生落叶阔叶林区系,森林植被中以针叶林面积最大,其中各种松林占森林面积的 66% 左右;落叶阔叶林中刺槐面积最大,约占森林面积的 18.5%;常见的灌木主要有紫穗槐、黄栌、酸枣、荆条等,草木有茵陈蒿、白羊草、黄背草等;经济林以水果为主,主要树种有苹果和梨,占果树面积的 90% 以上。截至 2016 年底,全市实有林地面积 819.75 万亩,森林覆盖率达到 40.0%。

2.2 社会经济

2.2.1 行政区划

烟台市现辖 4 个区、1 个县、7 个县级市,分别是芝罘区、福山区、莱山区、牟平区、长岛县、蓬莱市、龙口市、招远市、莱州市、莱阳市、栖霞市和海阳市,另有国家级经济技术开发区、高新技术产业开发、保税港区及昆嵛山保护区,包含 87 个乡镇,67 个街道办事处,631 个居民委员会,6 142 个行政村。

---

① 1 亩≈666.67 m²。

2.2.2 人口情况

截至 2018 年底，烟台市常住人口为 712.18 万人，比上年末增加 3.24 万人，其中城镇常住人口为 463.43 万人，比上年末增加 12.12 万人。全市常住人口城镇化率达到 65.07%，比上年提高 1.41 个百分点。年末户籍人口为 653.86 万人，全年出生人口为 5.78 万人，出生率为 8.84‰。

2.2.3 经济发展

2018 年，烟台市地区生产总值（GDP）为 7 832.58 亿元，按可比价格计算，比上年增长 6.4%。其中，第一产业增加值 510.04 亿元，增长 3.2%；第二产业增加值 3 844.00 亿元，增长 6.2%；第三产业增加值 3 478.54 亿元，增长 7.0%。三次产业构成为 6.5：49.1：44.4。按年平均常住人口计算，全市人均地区生产总值 110 231 元，比上年增长 6%。全年城镇新增就业 13.39 万人，其中城镇失业职工再就业 2.65 万人，安置大中专毕业生就业 4.1 万人。年末城镇登记失业率为 3.06%。全年居民消费价格比上年上涨 2.1%。其中，消费品价格上涨 1.7%，服务价格上涨 2.6%。工业生产者出厂价格上涨 2.6%，工业生产者购进价格上涨 3.7%。固定资产投资价格上涨 6.5%。新建住宅销售价格上涨 10.4%，二手住宅销售价格上涨 8.1%。

2018 年，烟台市固定资产投资比上年增长 6.0%。其中，国有经济投资增长 24.2%，集体经济投资增长 6.1%，股份制经济投资增长 0.4%，港澳台投资增长 5.3%，私营个体投资下降 1%，外商投资增长 18%，其他投资增长 7.6%。在固定资产投资中，第一产业投资比上年下降 19.5%；第二产业投资增长 6.5%，其中工业投资增长 5.8%；第三产业投资增长 6.1%。基础设施投资增长 0.2%，占固定资产投资的比重为 16.1%。民间投资增长 2.9%，占固定资产投资的比重为 73.1%。

2018 年，烟台市居民人均可支配收入为 34 901 元，比上年增长 8.1%，扣除价格因素，实际增长 5.8%。按常住地分，城镇居民人均可支配收入 44 875 元，比上年增长 7.3%，扣除价格因素，实际增长 5.1%；农村居民人均可支配收入为 19 425 元，比上年增长 7.6%，扣除价格因素，实际增长 5.4%。全市居民人均消费支出 23 383 元，比上年增长 6.7%，扣除价格因素，实际增长 4.5%。按常住地分，城镇居民人均消费支出为 29 495 元，增长 5.7%，扣除价格因素，实际增长 3.6%；农村居民人均消费支出 13 899 元，增长 6.9%，扣除价格因素，实际增长 4.7%。年末城镇常住居民人均住房建筑面积为 38.81 m²，比上年增加 2.54 m²；

农村居民人均住房建筑面积为 40.06 m²,比上年增加 1.16 m²。

2.3　河流水系

烟台市域内河网较发达,中小河流众多,共有大小河流 4 320 多条,平均河网密度为 0.3 km/km² 左右。其中长度在 5 km 以上河流有 121 条,长度在 10 km 以上的河流有 85 条;流域面积大于 300 km² 的河流有五龙河、大沽夹河、黄水河、界河、王河、辛安河、大沽河,共 7 条,流域面积大于 200 km² 的河流有五龙河、大沽夹河、黄水河、界河、王河、辛安河、白沙河(莱州市)、大沽河、小沽河、平畅河、泳汶河、黄城集河、沁水河、广汉河、纪疃河、白沙河(海阳市)、留格河、昌水河、东村河共 19 条,其中,五龙河为境内最大河流,长 128 km,流域面积为 2 810 km²。主要河流以绵亘东西的昆嵛山、牙山、艾山、罗山、大泽山所形成的"胶东屋脊"为分水岭,南北分流入海。向南流入黄海的主要有五龙河、大沽河;向北流入黄海的主要有大沽夹河和辛安河;流入渤海的主要有黄水河、界河和王河。

烟台市域河流多为砂石河,均为山溪性、季节性雨源型,其特点为:河床比降大,源短流急,涨落急剧。径流受季节影响变化较大,汛期径流量占全年径流量的 70% 以上,枯水季节则大都干涸。

烟台市域内流域面积大于 200 km² 的河流情况见表 2-1。

表 2-1　烟台市主要河流情况表

河流名称	河流起源	长度 (km)	流域面积 (km²)	流经县、市、区
五龙河	栖霞市	130	2 810	栖霞市、海阳市、莱阳市,入海
大沽夹河	海阳市	83	2 293	海阳、栖霞市、蓬莱市、牟平区、福山区、莱山区、芝罘区、开发区,入海
黄水河	蓬莱市	55	1 066	蓬莱市、龙口市,入海
界河	招远市	44	581	招远市,入海
王河	莱州市	55	404	莱州市,入海
辛安河	牟平区	44	297	高新区,入海
大沽河	招远市	179	4 631	招远市、莱州市、莱西市、即墨市、胶州市,入海
白沙河(莱州市)	莱州市	45	217	莱州市,入海
小沽河	莱州市	20	246	莱州市、平度市、莱西市

河流名称	河流起源	长度（km）	流域面积（km²）	流经县、市、区
平畅河	栖霞市	28	244	蓬莱市，入海
泳汶河	招远市	38	215.9	招远市、龙口市，入海
黄城集河	蓬莱市	41	293.5	蓬莱市、龙口市，入黄水河
沁水河	牟平区	36.8	251	牟平区，入海
广汉河	牟平区	40	214.1	牟平区，入海
纪疃河	海阳市	34	252	海阳市，入海
白沙河（海阳市）	海阳市	41	231	海阳市，入海
留格河	海阳市	34	247	海阳市，入海
昌水河	海阳市	40	325	海阳市，入海
东村河	海阳市	33	245	海阳市，入海

2.4 水利工程

建国以来，市域内相继进行了大规模的水利建设，在山丘区修建了大量的蓄水调洪工程。据统计全市已建成大型水库 3 座，总库容为 5.35 亿 m³，兴利库容为 3.06 亿 m³；26 座中型水库总库容为 65 820 万 m³，兴利库容为 34 220 万 m³；1 077 座小型水库总库容为 58 222 万 m³，兴利库容为 36 129 万 m³；全市现有塘坝 6 002 座，总蓄水能力为 12 945 万 m³；大沽夹河、东五龙河、黄水河三大河流上较大拦河闸坝有 60 处，其中大沽夹河 14 处，东五龙河 39 处，黄水河 7 处，总调节水量为 15 160 万 m³。对大沽夹河、黄水河、沁水河等大中型河道进行了综合治理，相应修建了拦河闸坝、地下水库等调蓄工程。这些水利工程的建成，不仅在很大程度上减轻了洪涝灾害的威胁，并为水资源的开发利用创造了良好的条件。

2.5 重点分析流域

本研究中对烟台市大沽夹河、五龙河、黄水河、王河、东村河、界河、辛安河、沁水河、大沽河、黄金河、平畅河、泳汶河、龙山河共 13 个流域计算生态基流，并选取大沽夹河、五龙河、黄水河、王河、东村河、界河、辛安河、沁水河、泳汶河、龙山河、平畅河、大沽河共 12 个流域为重点分析流域,制定河道生态基流保障方案。

2.5.1 大沽夹河流域

大沽夹河流域包括大沽夹河(亦称外夹河)与清洋河(亦称内夹河),地处胶东半岛北部,烟台市的中北部,位于东经 120°50′~121°20′,北纬 37°00′~37°40′,控制流域面积 2 293 km²,由内、外夹河两大支流汇合而成,由南向北注入黄海。大沽夹河流域区位图见图 2-1。

图 2-1 大沽夹河流域区位图

大沽夹河发源于海阳市郭城镇牧牛山,流经海阳、栖霞、牟平、福山、莱山、芝罘区、开发区等 7 市区,河长 83 km,流域面积 1 123 km²;清洋河发源于栖霞城南小灵山,流经栖霞、福山,河长 75 km,流域面积 1 170 km²。两支流在芝罘区宫家岛村西南汇合,经芝罘区和开发区后注入黄海。

大沽夹河流域以低山丘陵为主,山地面积占总面积的 39.2%,丘陵占40.8%,河谷平原占 19.2%,洼地仅占 0.8%。流域地势呈西南高、东北低。组成地面物质为花岗岩、棕壤土、褐土。

大沽夹河流域平均长度为 60 km,平均宽度为 38.2 km,干流比降为 0.001 32,左岸汇入的较大支流有桃村河、楚留河、两界河、清洋河、柳子河等,右岸汇入的较大支流有垂柳河、中村河、观水河、东风河、勤河、横河、区河等。清洋河流域平均长度为 52 km,平均宽度为 22.5 km,河底比降为 0.001 78,左岸汇入的较大支流有仉村河、中桥河、郭家岭河、丰粟河等,右岸汇入的较大支流有杨甲河、镇泉山河、楼底河、山东河、豹山河等。大沽夹河流域河流水系图见图 2-2。

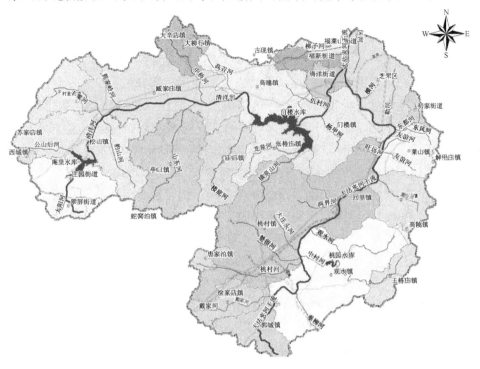

图 2-2 大沽夹河流域河流水系分布图

大沽夹河流域属暖温带季风型大陆性气候,并伴有明显的海洋性气候特征,四季分明。多年平均气温为 11.5 ℃,年无霜期为 222 d,平均风速为 4.5 m/s,年均大风日数为 103 d,冬季多北风,夏季多南风。多年平均年降水量为718.8 mm,多年平均陆地水面年蒸发量为 1 115.5 mm,多年平均天然年径流量为4.12 亿 m³,流域内降水受气候影响较大,时空分布极不均匀,汛期(6—9 月)降水量占全年降水量的 70% 以上。

流域水文地质特征可分为 3 个水文地质单元,即滨海平原区、河谷平原区和山丘区,分别为地下水的排泄区、径流区和补给区。地下水可分为孔隙水、裂隙水和岩溶水 3 种类型。孔隙水多埋藏在第四纪松散沉积物孔隙中,主要分布于流域的滨海平原及河谷平原,含水层由中细砂组成,厚 10~50 m,单井出水量为30~100 m³/h;岩溶水埋藏、贮存、运动于石灰岩、大理岩等可溶性岩层空隙中,埋深一般为 8~20 m,单井出水量随岩性及岩溶发育程度差异较大,一般为 10~50 m³/h。

大沽夹河流域目前共建有各类水库 179 座,其中大(2)型水库 1 座,中型水库 2 座,小(1)型水库 25 座,小(2)型水库 151 座,总控制流域面积 1 669.3 km²,总库容 4.258 亿 m³。门楼水库是一座集城市供水、防洪等功能综合运用的大(2)型水库,位于福山区门楼镇西南 2 km 的大沽夹河西支流清洋河下游,水库控制流域面积为 1 079 km²。工程于 1958 年 11 月动工兴建,1960 年枢纽工程基本竣工。门楼水库于 2009 年 9 月实施除险加固工程,2011 年 5 月通过了山东省水利厅组织的工程投入使用验收,目前水库运行状况良好。水库除险加固以后防洪标准达到 100 年一遇设计,10 000 年一遇校核,总库容为 2.44 亿 m³,兴利库容为 1.264 亿 m³。桃园水库是一座集防洪、农业灌溉、水产养殖等功能综合运用的多年调节中型水库,位于烟台市牟平区观水镇韩家中村村东 500 m 外夹河支流中村河上,控制流域面积为 64 km²。桃园水库于目前已实施完除险加固工程,并通过了山东省水利厅组织的工程投入使用验收,目前水库运行状况良好。水库除险加固以后防洪标准达到 50 年一遇设计,1 000 年一遇校核,水库除险加固后总库容为 1 235.9 万 m³,兴利库容为 503 万 m³。庵里水库是一座集防洪、城市供水、农业灌溉、发电、水产养殖等功能综合运用的多年调节中型水库,位于栖霞市城北 10 km,松山镇庵里村南清阳河上游,控制流域面积为 150 km²。水库除险加固后总库容为 7 603 万 m³,兴利库容为 3 810 万 m³。庵里水库于目前已实施完除险加固工程,并通过了山东省水利厅组织的工程投入使用验收,目前水库运行状况良好。水库除险加固以后防洪标准达到 100 年一遇设计,2 000 年一遇校核。

此外,规划建设的老岚水库位于外夹河中游,控制流域面积为 624 km²,水库总库容为 1.48 亿 m³,属大(2)型工程。水库正常蓄水位为 44.80 m,对应库容为 9 004 万 m³;死水位为 34.00 m,死库容为 513 万 m³,兴利库容为 8 000 万 m³;汛限水位为 44.80 m,防洪高水位为 45.64 m,设计洪水位为 46.27 m,校核洪水位为 48.35 m。建成后可提高当地的用水保障能力。

2.5.2　五龙河流域

五龙河流域位于胶东半岛中部,东经 120°18′~121°2′,北纬 36°32′~37°22′之间。五龙河发源于栖霞市唐家泊镇的牙山林场,流经栖霞市、海阳市、莱阳市,在莱阳市羊郡镇香岛汇入黄海的丁字湾。五龙河干流(亦称清水河)长 130 km,流域面积为 2 810 km²。流域面积在 100 km² 以上的支流有 7 条,分别为磋阳河、白龙河、蚬河、杨础河、富水河、富水河北支、唐山河。流域内建有大(2)型水库 1 座(沐浴水库),位于蚬河中游,中型水库 3 座,分别为小平水库、建新水库、龙门口水库。五龙河流域区位图见图2-3。

图2-3 五龙河流域区位图

　　流域内地形属低山丘陵区,西北高,东南低,呈倒"马蹄"形。北部山脉走向近似西东,东部和西部山脉走向近似北南。海拔在200 m以上的山头42个,其中最高的是东北部的老寨山,海拔为375 m;东南部与海阳市分界的垛山,海拔为316.5 m;娘娘山海拔为269 m;北部的旌旗山,海拔为315.6 m;西南部的孟山,海拔为276 m。山丘地区相对高差一般在100 m左右。平原区位于五龙河沿岸,属山前冲积、堆积平原,主要有两大部分:莱阳盆地和五龙河下游平原。

　　五龙河流域由五龙河干流及6条一级支流组成。五龙河干流从栖霞市牙山流至莱阳市香岛,长130 km,6条一级支流(干流长大于9 km)包括:金水河、玉岱河、磋阳河、白龙河、蚬河、富水河,总长326 km。五龙河流域河流水系分布图见图2-4。

　　流域内多年平均年降水量为698.1 mm,其中汛期降水量占全年降水量的74.1%,雨量集中在6月下旬至9月上旬,历史上最大日降雨量为248.9 mm,最大1小时降雨量为95.3 mm。多年平均年径流深为213 mm,最大值为413.5 mm,最小值为136.7 mm。泥沙含量随雨量变化十分明显。流域多年平均水面年蒸发量为953.0 mm,陆面年蒸发量为524 mm。该区域属暖温带东亚季风区,四季分明,气候温和,年平均气温为11.2 ℃。冬季雨雪稀少,多北风和西北风,空气干燥寒冷,最低气温为−24 ℃。夏季多南风和东南风,最高气温达38.9 ℃。春季风

图 2-4　五龙河流域河流水系分布图

大,空气干燥,雨量小,蒸发量大,经常造成干旱。初霜期在 10 月中旬,封冻在 12 月下旬,解冻在次年 2 月底,平均冻结深度为 0.4 m 左右。主要水文测站为团旺水文站,实测年最大洪峰的最大流量为 3 100 m³/s,年最大径流量为 18.8 亿 m³,多年平均输沙量为 53.13 万 t。洪水特性是地区分布不均,年内分配不均,年际变化大。

　　流域内建有大(2)型水库 1 座(沐浴水库),中型水库 3 座,小(1)型水库 29 座,小(2)型水库 170 座,总控制流域面积为 1 096 km²,总库容为 4.04 亿 m³。

沐浴水库位于莱阳市东北 9 km 五龙河支流蚬河上,建成于 1960 年。水库坝址以上区域跨莱阳、栖霞两市,控制流域面积为 455 km²,设计总库容为 1.872 亿 m³,兴利库容为 1.074 亿 m³,是一座以防洪为主,兼有灌溉、城市供水、发电等功能综合利用的大(2)型水库。2005 年 12 月,水利部大坝安全管理中心核定沐浴水库为三类坝。沐浴水库除险加固工程于 2008 年 12 月开工,2010 年 11 月,山东省水利厅对除险加固工程进行了工程投入使用验收。水库除险加固后总库容为 1.894 亿 m³,兴利库容为 1.074 亿 m³。

小平水库位于莱阳市柏林庄街道办北小平村东北,五龙河支流白龙河上游,建成于 1960 年。是一座兼有防洪、城镇供水、农业灌溉、渔业养殖等功能综合运用的多年调节型中型水库。坝址以上控制流域面积为 21.0 km²,设计总库容为 1 010.1 万 m³,兴利库容为 668 万 m³。2014 年 12 月水利部大坝安全管理中心核定小平水库为三类坝。小平水库除险加固工程于 2016 年 10 月份开工建设,水库除险加固后总库容为 1 032.5 万 m³,兴利库容为 668 万 m³。

建新水库位于海阳市郭城镇战场泊村北五龙河支流昌水河上,控制流域面积为 60 km²,总库容为 2 500 万 m³,兴利库容为 855 万 m³,是一座兼有防洪、灌溉、养殖等功能综合利用的中型水库。2014 年 12 月,水利部大坝安全管理中心核定建新水库为三类坝。2016 年 4 月 18 日,烟台市发展和改革委员会、烟台市水利局对水库除险加固工程初步设计及概算进行了批复。批复总库容为 2 049 万 m³,兴利库容为 668 万 m³。

龙门口水库位于栖霞市官道镇龙门口村东,漩河上游,控制流域面积为 116 km²,设计总库容为 6 260 万 m³,兴利库容为 4 130 万 m³,是一座兼有防洪、城市供水、农业灌溉、养殖等功能的综合运用多年调节中型水库。工程于 1958 年 6 月开工,1960 年 8 月工程基本竣工。龙门口水库除险加固工程自 2002 年开工建设,2004 年竣工。水库除险加固后总库容为 6 761.8 万 m³,兴利库容为 4 130 万 m³。

五龙河流域内共有小型水库 199 座,其中小(1)型水库 29 座,小(2)型水库 170 座,小型水库控制流域面积合计 444.74 km²,总库容合计 11 174 万 m³,调洪库容合计 3 492 万 m³,兴利库容合计 6 622 万 m³,死库容合计 954 万 m³。经过初步鉴定,目前有 81 座小型水库存在各类安全隐患。

2.5.3 黄水河流域

黄水河干流位于胶东半岛北部的渤海湾南岸,发源于栖霞市寺口镇西南瞳村一带的山区,由南向北流经栖霞、招远、蓬莱,在龙口市诸由观镇黄河营村东北注入渤海,总控制流域面积为 1 066 km²,干流长 55.0 m,平均坡度为 0.002 4,其中王屋水库以下主干河道长 25 km,水库以上控制流域面积为 746 km²。流域平均长 45 km,平均宽度为 23.70 km。黄水河流域区位图见图 2-5。

图 2-5 黄水河流域区位图

王屋水库是一座以防洪为主,兼顾灌溉、城市供水、养殖等综合利用功能的大(2)型水库。水库下游保护 7 处镇街区,近 30 万人、19.9 万亩耕地;以及牟黄公路、烟潍公路、荣乌高速、大莱龙铁路、胶东调水干渠、龙烟天然气管道等国家重要基础设施。水库设计灌溉面积为 10 万亩,年均城市供水量为 3 283 万 m³。王屋水库于 1994 年进行一次除险加固,并于 2010 年被鉴定为三类坝,于 2016 年实施除险加固工程,2017 年 6 月通过了山东省水利厅组织的下闸蓄水验收,已基本满足蓄水条件,可按批准的运行方案运行管理。水库除险加固以后防洪标准维持 100 年一遇设计、10 000 年一遇校核不变,总库容为 1.284 6 亿 m³,兴利库容为 0.725 亿 m³,死库容为 0.052 9 亿 m³。

黄水河流域位于鲁东断块胶北隆起的西北部,流域内石良以南为丘陵山区,以北为平原区。地层自老至新主要有:太古界胶东群花岗片麻岩、斜长角闪岩及黑云斜长片麻岩;元古界蓬莱群结晶灰岩、泥灰岩、石英岩、板岩及千枚岩;中生界白垩系下表山组砂岩、砾岩等;新生界第三系砂岩、泥岩与煤系地层;新生界第四系松散堆积岩。黄水河中下游平原下伏的基岩为第三系岩层或岩浆岩。由于受断裂构造的黄水河古河道的长期冲刷剥蚀作用,呈现出两侧偏高,中间低凹,顺河道向展布的古地理形态。而以黏土岩为主的第三系地层或岩浆岩,构成了良好的储水结构。第四系松散层由黄水河的冲洪积物堆积而成,由于受构造沉降幅度和基岩起伏的古地理控制,厚度不等,介于 1～40 m 之间,其岩性主要由黏性土、砂及砾卵石等组成。黄水河流域内河网较多,左岸汇入的较大支流有东大夼村北河、王屋水库西支流、莱茵河、雅鹊河、绛水河 5 条,右岸汇入的较大支流有苏家店河、东营河、黄水河东支流、荆家河、蔚阳河 5 条。10 条支流中 4 条位于王屋水库上游,其余支流位于王屋水库下游,支流左右基本对称分布。

黄水河支流中,黄水河东支流流域面积最大,总控制流域面积为 269 km²,其也是蓬莱市最大的河流,该河发源于蓬莱市村里集镇南官山,流经蓬莱市小门家和大辛店等镇,于龙口市石良镇的黄城集西汇入黄水河干流。黄水河东支流有 5 条主要支流,分别为会文河、解庄河、陈庄河、大赵家河、炉上河,长度大于 3 km 的支流有 17 条。

2.5.4 王河流域

王河是莱州市第一大河,属典型的山溪性雨源型河流,是莱州市边沿水系中流域面积最大的河流,位于莱州市东北部,发源于招远市齐山镇雀头孙家村,流经招远市蚕庄镇、齐山镇,莱州市驿道镇、程郭镇、平里店镇、金仓街道和三山岛街道,共计 7 个乡镇(街道办),于三山岛街道三山岛村注入渤海,河道全长 55 km,总流域面积为 404 km²。王河流域区位图见图 2-6。

图 2-6 王河流域区位图

王河流域中下游东、西周延至河口全为平原,相邻流域也为平原,分水岭不明显,流域南面边沿高山,往北逐渐由丘陵变为平原,流域地势东南高、西北低。

山地面积占总面积的 39.4%,丘陵占 28.2%,河谷平原占 32.4%。土壤类别为棕壤土、褐土、潮土、风沙土。

王河流域内河网发达,其水源以降水补给为主,王河主河道长 55 km,流域最大宽度为 28 km,最小宽度为 2 km,干流比降为 0.001 98。流域内主要有大沿河、狗爪埠河、万水河、西赵河、九曲河和老母猪河 6 条支流汇入王河。

王河流域属暖温带东亚季风区大陆性气候,多年平均气温为 12.4 ℃,极端最高气温为 38.9 ℃(1961 年 6 月 12 日),极端最低气温为−17 ℃(1970 年 1 月 16 日)。多年平均最大风速为 15.1 m/s,主导风向为西北风,实测最大风速为 35.0 m/s,大于 15.2 m/s 的 8 级瞬时风速年最多出现 19.6 d。多年平均年降水量为 604 mm,多年平均年蒸发量为 1 239.2 mm,每年 5、6 月份蒸发量最大,是同期降雨量的 9~16 倍。流域内冬季受西伯利亚冷气流控制,气候干燥,寒冷少雨雪;夏季受华南水汽影响,气温较高,雨量集中,气候湿润;春季多风干旱雨少;秋季天气凉爽。具有一年四季气候分明的特点,同时因北部濒临渤海,也具有一般海洋性气候的特征。平均无霜期为 180~200 d。最大冻土深为 0.5 m。

流域在大地构造上位于华北地台(Ⅰ)鲁东地盾(Ⅱ)胶北地块(Ⅲ)的东北部,构造形迹以断裂为主。区内分布地层岩性主要为太古界胶东群民山组变质岩系以及第四系松散堆积层。岩性主要为黑云斜长片麻岩、变粒岩、斜长角闪岩、片岩等,出露于婴里一带残丘及战家桥,是构成该区域基底的主要岩层。流域内地下水根据赋存条件可分为第四系孔隙潜水、基岩裂隙水。

(1) 松散岩类孔隙水

松散岩类孔隙水主要赋存于第四系全新统、上更新统冲积洪积堆积的砾质粗砂中。第四系全新统冲积洪积堆积的壤土位于地下水位以上,含水层分布连续,主要含水层砾质粗砂的渗透系数为 49.7~79.6 m/d,属强透水层;第四系全新统冲积洪积堆积的壤土的渗透系数为 0.076~0.234 m/d,属弱透水—中等透水层。大气降水、地下水径流、汛期地表河水入渗为其主要补给方式,地下水径流、大气蒸发、植物蒸腾作用为其主要排泄方式。

(2) 基岩裂隙水

基岩裂隙水主要赋存于太古界胶东群民山组黑云斜长片麻岩风化裂隙及构造裂隙中,其全风化带渗透系数为 0.009 7~0.081 7 m/d,属弱透水层;地下水径流为其主要补给、排泄方式。

王河流域内共有小型水库 39 座,其中小(1)型水库 2 座,小(2)型水库 37 座。小型水库控制流域面积合计 84.2 km²,总库容合计 1 355.92 万 m³,调洪库容合计 445.92 万 m³,兴利库容合计 800.6 万 m³,死库容合计 119.1 万 m³。

赵家水库位于莱州市驿道镇王河支流西赵河上,水库距离王河入海口
32 km,是一座集城市供水、防洪等功能综合运用的中型水库。赵家水库是莱州
市城镇供水的重要水源地,主要向莱州市以北区域的朱桥镇、驿道镇供水。工程
于 1959 年 11 月开工,1960 年 5 月修建完成,水库控制流域面积为 35 km²。赵
家水库于 2012 年 12 月完成除险加固,并通过了山东省水利厅组织的工程投入
使用验收。水库除险加固以后防洪标准达到 100 年一遇设计,2 000 年一遇校核,
总库容为 1 670 万 m³,兴利库容为 1 052 万 m³,目前水库运行状况良好。

坎上水库位于王河支流九曲河中游,距离王河入海口 32 km。是一座集防
洪、农业灌溉、水产养殖等功能综合运用的多年调节中型水库。坎上水库于
1958 年 10 月开工,1960 年 6 月修建完成,控制流域面积为 31 km²。目前已完
成除险加固工程,并通过了山东省水利厅组织的工程投入使用验收。水库除险
加固以后防洪标准达到 100 年一遇设计,2 000 年一遇校核,总库容为 1 199 万 m³,
兴利库容为 525 万 m³,目前水库运行状况良好。

白云洞水库位于王河支流万水河上,距离王河入海口 44 km,是一座集防
洪、农业灌溉、渔业养殖等功能综合利用的中型水库。白云洞水库控制流域面积
为24 km²,工程于 1957 年 12 月动工兴建,1958 年 8 月主体工程竣工,并于 2012
年 12 月完成除险加固工程,通过了山东省水利厅组织的工程投入使用验收。水
库除险加固以后防洪标准达到 100 年一遇设计,2 000 年一遇校核,总库容为
1 130万 m³,兴利库容为 775 万 m³,目前水库运行状况良好。

2.5.5　东村河流域

东村河发源于朱吴镇后山中涧村,流经朱吴镇、东村道、方圆街道、碧城工业
区、经济开发区、旅游度假区,于经济开发区小海口入海。流域面积为 245 km²,
干流长 33 km。

东村河流域位于山东半岛东南部,东邻乳山、牟平,西接莱阳,北连栖霞,南
濒黄海,西南隔丁字湾与即墨相望。海阳市为低山丘陵区,北部徐家店、郭城、山
西头等乡镇,山低坡陡,丘陵势缓,间有河谷平原,平均海拔为 140 m;中部战场
泊、朱吴、高家、盘石店等乡镇及东村镇、南城阳乡北部,以招虎山脉为主体,形成
境内屋脊,平均海拔为 174 m;西部发城、小纪、北埠后、泉水头、黄崖等乡镇和二
十里店、赵疃乡部分村庄,山低坡缓,丘陵、平原交错,平均海拔为 97 m;南部行
村、凤城、大辛家、辛安、大山所、大阎家等乡镇及留格庄、二十里店、赵疃、南城阳
乡和东村镇部分村庄,地势低缓,海拔多在 50 m 以下。

流域内河谷区出露新生界第四系,河谷两岸基岩裸露,出露地层为中生界白

垩系莱阳群、古元古界荆山群。区内大面积出露花岗岩侵入岩体,为中生代燕山晚期伟德山超单元牙山亚超单元崖西单元斑状含角闪二长花岗岩。岩石呈肉红色,中粗粒斑状结构,块状及整体状构造,矿物成分为斜长石、钾长石、石英及少量黑云母,强风化层多呈砂土状。

东村河流域地处温带大陆性季风气候。受大气环流影响,四季分明,春季多风少雨,夏季多雨炎热,秋季天高气爽,冬季寒冷干燥。多年平均气温为 12.6 ℃,极端最高气温为 39.5 ℃(1958 年 6 月 27 日),极端最低气温为－21.6 ℃(1957 年 1 月 17 日)。全市多年平均年降水量为 695.3 mm,年内降雨多集中于 6—9 月份,占全年降水量的 73%。海阳市河流均属于山东沿海诸河直流入海水系,多砂石河,源短流急、涨落急剧,冲刷力强,属季风雨源型河流,径流量受季节影响差异甚大,汛期径流量占全年径流量的 80% 以上,枯水季节河床暴露,往往干涸。

2.5.6　界河流域

界河流域属渤海水系,位于招远市区西北部,发源于罗峰街道石门孟家村西山麓,从辛庄镇东良村东北入渤海,干流全长 44 km,流域面积为 581.0 km²,占招远市总面积的 41.15%,是招远市内最大的河流,因该河是汉王朝设两县的分界线,故取名界河。界河干流主要流经招远市内张星镇、金岭镇、辛庄镇、温泉街道、泉山街道、罗峰街道、梦芝街道及龙口市诸由观镇。界河流域区位图见图 2-7。

图 2-7　界河流域区位图

界河流域为树枝状水系,其上游和东部为低山区,主要出露花岗岩和少量胶东群变质岩系;中下游界河干流为丘陵和冲积洪积平原区,主要出露花岗岩、花岗片麻岩等,河流两侧的冲洪积平原为第四系冲洪积砂土覆盖。泥沙主要分布于河流的中下游区,沿河流呈带状分布,宽度为200～500 m,厚度为5～8 m,局部达20 m,主要为洪水冲积物,呈多元结构。

界河流域平均长度为29.0 km,平均宽度为20.0 km。其中界河支流5条,左岸汇入的有钟离河及馆前于家河,右岸汇入的有罗山河、城东河及曲家北河,罗山河支流共2条,左右岸各1条,分别为小蒋家河及前村河。其中流域面积较大的支流为罗山河、钟离河。罗山河发源于阜山镇九曲村村西山麓,全长18 km,流域面积为174 km²;钟离河发源于金岭镇谢家村村南山麓,全长25 km,流域面积为116.0 km²。钟离河由南向北流经金岭、张星、辛庄3处乡镇,上游建有1座中型水库即金岭水库,金岭水库控制流域面积为36 km²。

本流域属暖温带东亚季风区大陆性半湿润气候,四季分明,春季风大,空气干燥,蒸发量大,降雨少,夏季炎热,降雨多,冬季寒冷,多年平均气温为11.5 ℃,最低月平均气温为3.7 ℃,出现在1月份,最高月平均气温为25.3 ℃,出现在7月份。流域多年平均年降水量为648.7 mm 多年平均年蒸发量为1 583.2 mm,多年平均年径流深为217.7 mm,降雨多集中在6—9月份,降水量年际、年内变化大。年降水分布极不均匀,汛期6—9四个月多年平均降水量为466.2 mm,占全年降水量的72.4%左右。多年平均最大风速为14.6 m/s,最大冻土深度为0.5 m。年平均风速为2.5 m/s,夏季以偏南风为主,冬季以偏北风为主。

界河流域建有金岭中型水库1座,金岭水库位于招远市金岭镇草沟头村南、界河支流钟离河上游,距招远城10 km,水库坝址以上流域面积为36.0 km²。水库主体工程于1958年10月开工,1960年3月竣工。金岭水库于2008—2010年进行除险加固,加固后水库防洪标准达到50年一遇设计,1 000年一遇校核,水库总库容为1 251万 m³,兴利库容为662万 m³,死库容为83万 m³。水库于2016年8月进行安全鉴定,鉴定结论为二类坝。

2.5.7　辛安河流域

辛安河发源于牟平区良家口,东北流向,逐渐转向北流,曲折流行在山谷中,在范家疃附近进入滨海平原区,又折向东北流,在高新区西谭家泊北,注入北黄海。辛安河流域区位图见图2-8。

辛安河干流主要流经牟平区内高陵镇、水道镇、武宁街道办事处,高新区内马山镇及莱山区内解甲庄镇,共3个区,5个乡镇(街道办)。辛安河流域面积为

图 2-8　辛安河流域区位图

297 km²,河道长 44 km,干流平均比降为 0.001 5。辛安河有 17 条支流,均为小支流。流域上游建有 1 座中型水库(高陵水库),控制流域面积为 160 km²,总库容为 6 713 万 m³,兴利库容为 3 500 万 m³。

辛安河流域以低山丘陵为主,山地面积占总面积的 39.2%,丘陵占 40.8%,河谷平原占 19.2%,洼地仅占 0.8%。流域地势呈西南高、东北低。在地质构造上,隶属新华夏系第二隆起带,属于胶东隆起群,由胶东古隆起和胶莱坳陷组成,因受多次构造变动影响,造成了复杂多样的构造类型,按其成因类型分为构造山区、构造剥蚀丘陵区、剥蚀堆积山前台地区和堆积洪滨海条带阶地区等。

在水文地质条件上,受地质构造与地形、地貌影响极为明显,地下水主要赋存在前震旦系变质岩和第四系松散沉积层孔隙中,靠大气降水补给,浅层循环,按含水层的性质可分为三个水文地质单元,即滨海平原区、河谷平原区和山丘区,分别为地下水的排泄区、径流区和补给区。

辛安河流域建有高陵水库,它是一座以集防洪、城市供水、农业灌溉、渔业养殖等功能综合利用为一体的中型水库,位于牟平区高陵镇的辛安河主河道中上游高陵镇高陵村南 200 m。控制流域面积为 160 km²,水库总库容为 6 713 万 m³。水库兴建于 1970 年 8 月,1974 年 6 月完工,于 2011 年 6 月鉴定为三类坝。2014 年 3 月完成除险加固施工图设计,2019 年 12 月除险加固工程顺利通过竣工验收。加固以后防洪标准达到 100 年一遇设计,2 000 年一遇校核,水库总库容为 6 884 万 m³,兴利库容为 3 500 万 m³。

2.5.8　沁水河流域

沁水河位于烟台市牟平区城东部,发源于昆嵛山,自玉林店镇大尖崮南山峰及水道镇西直格庄一带,向北注入黄海,与养马岛遥相呼应,流域面积为 251 km²,河流长 36.8 km,河道平均宽度为 150 m,流经的 5 处镇(街)为大窑、文化、玉林店、宁海和水道。

沁水河流域起伏地形主体为低山丘陵。按地貌成因分析,全流域可划为以下 5 种地貌类型。① 侵蚀构造地形:地表形态为中、低山,山体绝对高度在 500 m 以上,切割深度大于 250 m。岩性为花岗岩类,石质致密坚硬,且经长期上升侵蚀,形成尖峭、陡峻的尖脊山,坡度一般大于 30°。多峭壁峻岩,沟谷深狭,呈"V"字型。② 剥蚀构造地形:地表形态为低山丘陵。低山的山体高程为 300～500 m,切割深度小于 250 m,主要由古老变质岩组成。岩石片理发育,且经长期剥蚀,山脊起伏平缓,呈梁状,山坡较缓,坡度一般为 15°～20°。沟谷较宽阔,呈"U"字型,谷底堆积物厚度一般不超过 5 m。丘陵的山体高程为 100～300 m,切割深度小于 100 m,山顶浑圆,呈馒头状,坡度一般为 10°左右。沟谷断面呈箱形,山顶、山坡、山麓均为残坡积层覆盖。谷底由冲洪积物发育,厚度大于 5 m。③ 剥蚀堆积地形:地表形态为准平原,分布于河谷两侧。绝对高度为 20～100 m,切割深度在 2 m 左右,起伏平缓,呈低矮的残丘垄岗形态。地表残坡积层,前缘往往被流水侧蚀成陡坎,有基岩出露。在大理岩、石灰岩分布区,地表尚发育有溶洞、溶沟等岩溶现象,覆盖物黏性较大,为黏质砂土。④ 堆积地形:地表形态为山前平原及山间河谷平原。地势平坦,绝对高程大于 10 m,覆盖物厚度为 5～40 m,一般呈双层或多层结构,即黏质砂土、砂质黏土等与砂砾石层呈互层状堆积。⑤ 海成地形:地表形态为海积平原。沿海呈带状分布,表面极平坦,向海面微倾斜,绝对高度在 10 m 以下。

流域属温带季风型大陆性气候,四季变化明显,区域多年平均年降水量为 680.8 mm,陆上水面年蒸发量为 1 149.4 mm,多年平均气温为 11～12.5 ℃。区内季风比较明显,冬季风速最大,多北风和西北风;春季次之,多南风;夏季风速较小,多南风和东南风;秋季天高气爽,风向较乱,风速较小。台风多发生在夏季,并多伴有暴雨侵袭,对东部地区影响较大。

2.5.9 泳汶河流域

泳汶河是龙口市第二大河流,发源于下丁家镇 757 m 高的骡山,干流长 38 km,流域面积为 217.9 km²,其中境外面积为 27.67 km²。1960 年在北邢家修建中型水库一座,总库容为 1 325 万 m³,兴利库容为 608 万 m³。其主要支流为南栾河,在迟家沟建中型水库一座,总库容为 1 862 万 m³,兴利库容为 1 283 万 m³。

2.5.10　龙山河流域

龙山河发源于本市大辛店镇鹰回山,流经大辛店镇、刘家沟镇、南王街道和新港街道办事处,于新港街道北注入黄海,流域面积为 134 km²,干流长度为 21 km。较大支流有 2 条:乌沟河、响李河,支流长度大于 3 km 的有 8 条,平均比降为 4%。

2.5.11　平畅河流域

平畅河发源于栖霞市东北石壁山,流经蓬莱市大辛店镇,于烟台开发区潮水镇衙村东北注入黄海。流域面积为 233.5 km²,其中蓬莱市境内面积为 160 km²,邱山水库以下流域面积为 168 km²。干流长度为 29 km,蓬莱市境内河道长 13 km,河底比降为 0.003 4。该河长度大于 3 km 的支流有 20 条。河流上游为山谷河道,中下游两岸平坦开阔,其支流汇入比较规则,形成左右对称、分布均匀的羽状河系。流域内崮寺店以南为丘陵山区,以北为平原区。

2.5.12　大沽河流域

大沽河发源于阜山西麓、主峰偏西北 500 m 处的山溪中,在招远市境内长 48 km,为市域内第二大河,经阜山、毕郭、夏甸 3 个镇,汇入青岛莱西市产芝水库,于胶州湾注入黄海。主要支流有薄家河、留仙庄河、方家河、下林庄河、李格庄河等。大沽河招远市境内主要干流河床宽为 90 m,流域面积为 531.3 km²,占全市总面积的 37.1%。

大沽河在招远市境内源头较短,主要由各时令河支流组成,呈汛期洪水暴涨暴落、枯水期多干涸断流的季节性特点。各主要支流基本情况如下:

(1)薄家河:起源于齐山镇凤凰唐家,于毕郭镇庙子夼村注入大沽河干流。干流长 28 km,流域面积为 137.0 km²,河流平均比降为 2.67‰。

(2)留仙庄河:起源于夏甸镇东建村西北,经小罗家,于东丁家注入大沽河干流。干流长 21 km,流域面积为 89.3 km²。

(3)方家河:起源于阜山镇刘家疃西南,经炮手庄、毕郭、方家,于毕郭镇东杨格庄注入大沽河干流。干流长 15 km,流域面积为 71.9 km²。

(4)下林庄河:起源于大秦家街道杜家沟村,经下林庄,于毕郭镇沙沟村东南并入大沽河干流。干流长 15 km,流域面积为 61.1 km²。

(5)李格庄河:起源于阜山镇大疃村北,流经大疃、东李各庄、大梁家村,于南院庄村西南注入大沽河干流。干流长 9.3 km,流域面积为 28.33 km²。

第三章 | 生态基流计算

烟台市位于胶东半岛,降水时空分布极不均匀,非汛期时降水历时短,降水量少,当遭遇枯水年时无法满足生活生产用水,水资源状况与当地经济社会发展明显不匹配。在2014—2016年连续遭遇枯水年,当地水资源紧缺,需要优先满足生活用水,生产用水尤其是农业生产用水得不到保障,生态用水根本无法满足,导致部分河道出现干涸断流的状况。党的十八大把生态文明建设纳入中国特色社会主义事业总体布局,为了响应生态文明建设的号召,应当采取措施以满足烟台市生态环境需水量。本章通过生态基流计算方法的比较,综合考虑各种情况,确定合适的方法计算烟台市主要河流的生态基流。

3.1 生态基流计算方法

河流生态基流的估算方法始于20世纪40年代末期的美国西部,但刚开始发展缓慢,直到20世纪70年代该方法才进入快速发展期。经过多年的研究,已形成了一些相对成熟的计算方法,据2003年统计,有记载的生态基流计算方法多达207种,之后的十余年科学家们又提出了一些新方法,这些方法大致可分为4类:水文学法、水力学法、生境模拟法和整体分析法。本研究通过分析4类方法的优缺点,选择合适的方法计算烟台市主要河流的生态基流。

3.1.1 水文学法

水文学方法是利用历史流量资料确定河流生态基流的一类方法。该类方法种类最多,多数目前仍在使用。水文学法的代表有 Tennant 法、Q_{95}法(95%保证率下的最枯流量)、Q_{90}法(90%保证率下的最枯流量)、7Q10 法、Texas 法、Hoppe 法、NGPRP 法、基本流量法(Basic Flow Method)、RVA(Range of Variability Approach)法等,这些方法在世界各地均有应用。水文学方法的优点是不需要进行现场测量,简单方便,对数据的要求不是很高。缺点是未考虑河流生态需求,对河流实际情况做了较为简化的处理,因此,只能应用于优先度不高的河段,或者作为其他方法的粗略检验。

（1）Tennant 法

在水文学方法中,Tennant 法应用最多,该方法考虑了临近栖息地、水力学和生物学因素,采用河流年平均流量的百分比作为河流最小推荐流量。Tennant 法应用的基础是对研究地区的生态因素、地形因素较为了解,需要分析百分比是否符合当地河流情况,并结合当地河流管理目标,对该百分比进行调整。因此,不同的地区、不同的季节其百分比都可能不同。Tennant 法根据水文资料以年平均径流量百分数来描述河道内流量状态,依据标准详见表 3-1。该法是在对美国东部、西部和中西部许多河流进行广泛现场调查的基础上提出的,保护目标为鱼、水鸟、长毛皮的动物、爬行动物、两栖动物、软体动物、水生无脊椎动物和相关的所有与人类争水的生命形式。

法国法律规定河流最低环境流量不应小于多年平均流量的 10%,但对于流量较大的河流（多年平均流量大于 80 m³/s）,可进行调整和重新规定,但不低于多年平均流量的 5%。

表 3-1 保护鱼类、野生动物、景观和有关环境资源的河流流量状况

流量状况描述	枯水期推荐的生态流量占年平均流量的比例（%）	汛期推荐的生态流量占年平均流量的比例（%）
泛滥或最大	/	200
最佳范围	60～100	60～100
很好	40	60
好	30	50
良好	20	40
一般或较差	10	30
差或最小	10	10
极差	0～10	0～10

（2）Q_P 法

Q_P 法又称不同频率最枯月平均值法,以节点长系列（$n \geqslant 30$ 年）天然月平均流量为基础,用每年的最枯月排频,选择不同频率下的最枯月平均流量作为基本生态环境需水量的最小值,频率 P 根据河湖水资源开发利用程度、规模、来水情

况等实际情况确定,宜取 90% 或 95%。

根据《河湖生态环境需水计算规范》(SL/Z 712—2014)(本节以下简称《规范》),对于季节性河流,可将由于季节造成的无水期排除在 Q_P 法之外,只采用有天然径流量的月份排频得到。

(3)历史最枯月天然径流法

历史最枯月天然径流法是以长系列天然月平均流量为基础,将各月历史实测长系列月平均流量中的最小值,作为各月的基本生态环境需水量。在该水量下,可保证河道的最小来水量情况。

(4)河流水系生态环境需水阈值法(以下简称阈值法)

阈值法是在明确河流类型和开发利用程度的基础上,按河流水系的完整性,综合协调上下游各节点目标生态环境需水量,根据参考的阈值范围,合理确定河流的基本生态环境需水量和目标生态环境需水量。根据《规范》,不同类型河流水系生态环境需水量参考阈值见表3-2。

表 3-2　不同类型河流水系生态环境需水量参考阈值

河流类型		开发利用程度					
		高		中		低	
		基本a	目标b	基本	目标	基本	目标
大江大河	北方	10～20	40～50	15～25	45～55	≥25	≥60
	南方	20～30	65～80	25～35	70～80	≥35	≥80
较大江河	北方	10～15	40～50	10～25	40～55	≥25	≥55
	南方	15～30	60～70	20～35	65～75	≥35	≥75
中小河流	北方	5～10	40～45	10～20	40～50	≥20	≥50
	南方	15～25	50～60	20～30	55～65	≥30	≥65
内陆河	西北干旱区	—	40～50	—	45～55	—	≥55
	青藏高原区	—	—	—	—	≥80	≥80

注:①表中值为"生态环境需水量/地表水资源量比例",单位为%;
　　②a 表示基本生态环境需水量;
　　③b 表示目标生态环境需水量。

3.1.2　水力学法

水力学方法是根据河道宽度、水深、流速和湿周等水力参数确定河流所需的流量,水力参数可以通过实测获得,也可以由曼宁公式计算获取,代表方法有湿周法和 R2CROSS 法等。湿周法假设河流栖息地的完整性与湿周的大小关系紧密,即认为保护好湿周就可以保证河流栖息地的完整性。该方法需要建立湿周与流量的关系曲线,认为曲线拐点附近的流量即为所求,而难点在于拐点的确定,主要确定方法有曲率法和斜率法两种,所得结果有所不同,但较常用的是斜率法。另一种应用较多的是 R2CROSS 方法,该方法认为必须考虑由河流几何形态决定的水深、河宽、流速等因素,以确定河流流量推荐值。该方法在曼宁公式的基础上,需要对河流断面进行实地调查从而确定相关参数,这给其应用带来一定的限制。在原有水力学方法的基础上,我国部分学者对此进行了改进,并得到一定程度的应用,如水力半径法、生态水力半径法等。该类方法近几年来应用较少,发展缓慢,但其对生境模拟法的发展和完善起到了关键性作用。

3.1.3 生境模拟法

生境模拟法是对水力学方法的进一步发展,主要选取某一种或多种指示物种,认为只需为指示物种提供适宜的物理生境即可满足生态系统的需求,主要是通过指示物种所需的水力条件确定生态基流。该方法对生态基流进行定量化,并且考虑生态因素,代表方法有 IFIM(Instream Flow Incremental Methodology)法、CASMIR 法等,其中 IFIM 法应用较广。IFIM 法最关键的部分是采用 PHABSIM(Physical Habitat Simulation)模型模拟不同流速条件下栖息地类型的变化,根据指示物种生境和生活阶段的需求确定适宜的河流生态条件(如水深、流速和底质条件),将水力特征和生物信息综合分析,确定满足主要水生生物生境要求的流量。

3.1.4 整体分析法

自 20 世纪 90 年代中期提出整体分析法后,该方法得到了较多的关注,近些年发展迅速,是目前的研究热点。该方法强调河流生态系统是一个整体,需要综合研究水文条件与泥沙运移、河床形状、河流生境之间的关系,使确定的河道流量能够同时满足泥沙输送、河床稳定、生境维持、水生生物保护和水质改善等功能。该方法涉及多个学科,需要一个同时包含水文学家、地质学家、生态学家以及社会经济学家等组成的专家组进行该方法的应用。该方法所需资料比较复杂,需要长时间调查和多目标综合,是目前公认的精度最高的方法,但由于资料要求较高,需要较大的人力、物力,给其推广应用带来了一定困难。

3.1.5 生态基流计算方法的选用

水文学法采用历史流量计算生态需水量;水力学法需实地测量相关水力学参数;生境模拟法需选取指示物种,根据其生活阶段的需求确定生态基流;整体分析法涉及多学科,需要长时间调查和多目标综合。本研究获取了典型流域水文站的历史径流资料,能满足水文学法的要求,其余3种方法的要求难以满足,故采用水文学法计算烟台市的生态基流。

根据《规范》,河流控制断面的基本生态环境需水量水文过程分别用最小值、年内不同时段值和全年值表述。

现有团旺、臧格庄、福山、沐浴水库、门楼水库、王屋水库水文站有长系列($n \geq 30$年)的月尺度径流序列,依据规范要求,有长系列($n \geq 30$年)径流序列的河流控制断面最小值采用 Q_P 法、流量历时曲线法、7Q10 法。其中 Q_P 法需要月尺度的径流资料;流量历时曲线法、7Q10 法需要日尺度的径流资料,现有资料无法满足。故采用 Q_P 法计算生态基流的最小值。

依据规范,年内不同时段值可采用 Tennant 法、历史最枯月天然径流法。

依据规范,全年值采用下式计算:

$$Q_{ba} = \sum_{i=1}^{n} Q_{bi} \tag{3-1}$$

式中: Q_{ba} 为基本生态环境需水量的全年值; Q_{bi} 为基本生态环境需水量的年内不同值,包括逐月(旬、日)或汛期、非汛期值。

对于无径流序列的河流控制断面,采用阈值法计算其河流水系的生态环境需水量。

因此,采用 Tennant 法、Q_P 法、历史最枯月天然径流法和阈值法分别计算各河流生态基流,将多种方法的计算结果进行对比分析,确定烟台市生态基流计算的最适方法。

3.2 天然径流还原计算

大部分水文学法计算生态基流时需要天然径流序列,但是烟台市受到人类活动的影响,天然径流一致性受到破坏,需要进行径流还原计算。

对选用站实测径流资料进行了逐月还原计算,提出历年逐月的天然径流量序列,再累加逐月径流量得出年径流量。还原计算以水文站控制断面为单元,自上而下进行,逐级累积计算全流域的天然径流量。径流还原计算可采用分项调查分析法,以历年水文实测资料和水文调查系列资料成果为依据,应用下列水量平衡方程式进行还原计算:

$$W_{天}＝W_{实测}＋W_{农耗}＋W_{工业}＋W_{生活}±W_{蓄}±W_{引水}±W_{分洪}±W_{其他} \quad (3\text{-}2)$$

式中:$W_{天}$为还原后的天然径流量;$W_{实测}$为水文站实测径流量;$W_{农耗}$为农业灌溉耗损量;$W_{工业}$为工业用水耗损量;$W_{生活}$为城镇生活用水耗损量;$W_{蓄}$为水库蓄水变量,增加为正,减少为负;$W_{引水}$为跨流域(或跨区间)引水量,引出为正,引入为负;$W_{分洪}$为河道分洪决口水量,分出为正,分入为负;$W_{其他}$为其他还原项,根据各站具体情况而定。

本研究针对大沽夹河流域的福山水文站、门楼水库水文站和臧格庄水文站,五龙河流域的沐浴水库水文站和团旺水文站,黄水河流域的王屋水库水文站的实测径流进行还原计算,还原计算结果见附表1。

3.3 生态基流计算结果

3.3.1 Tennant 法

现有团旺水文站、王屋水库水文站、沐浴水库水文站和臧格庄水文站1960—2016 年共 57 年经还原的径流量资料,福山水文站 1967—2016 年共 50 年经还原的径流量资料,门楼水库水文站 1956—2016 年共 61 年经还原的径流量资料,以此分别计算团旺水文站、福山水文站、臧格庄水文站、沐浴水库水文站、王屋水库水文站、门楼水库水文站的各个月多年径流量的平均值,取多年平均值的 10% 作为基本生态基流。团旺水文站、福山水文站、臧格庄水文站、沐浴水库水文站、王屋水库水文站、门楼水库水文站年内不同时段的多年平均径流量、多年平均流量和生态需水量见附表2。

3.3.2 Q_P 法

选用与 Tennant 法同样的经还原的径流量序列,分别选取团旺站、福山站、臧格庄站、沐浴水库站、王屋水库站、门楼水库站各个年份的最枯月排频(根据规范,可将由于季节造成的无水期排除在 Q_P 法之外,故排除发生断流的月份),采用 P-Ⅲ型频率曲线拟合。拟合结果如图 3-1 所示,取 $P＝90\%$ 作为生态需水量,6 个水文站的生态需水量结果见表 3-3。

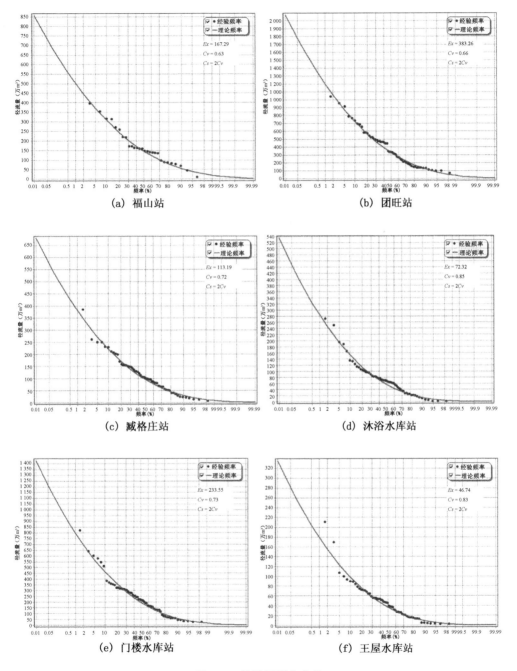

(a) 福山站

(b) 团旺站

(c) 臧格庄站

(d) 沐浴水库站

(e) 门楼水库站

(f) 王屋水库站

图 3-1 最枯月频率曲线

表3-3　最枯月频率曲线生态需水量

单位:万 m³

站点	团旺站	福山站	臧格庄站	沐浴水库	王屋水库	门楼水库
90%	112.32	54.2	29.07	12.17	8.74	58.37

3.3.3　最枯月径流法

选用与 Tennant 法同样经还原的径流序列,分别选取团旺站、福山站、臧格庄站、沐浴水库站、王屋水库站、门楼水库站共 6 个站点,选取各个月的最小值,作为当月的生态需水量,结果见表3-4。

表3-4　最枯月径流法生态需水量

单位:万 m³

月份	团旺站	福山站	臧格庄站	沐浴水库	王屋水库	门楼水库
1月	130	0	0	0	12	0
2月	85	0	9	0	2	0
3月	0	0	0	0	0	0
4月	0	0	0	0	0	0
5月	0	0	0	0	0	0
6月	0	0	0	0	0	0
7月	0	0	0	0	0	0
8月	34	0	9	0	0	0
9月	0	0	13	0	0	0
10月	0	0	0	0	0	0
11月	0	0	33	0	0	0
12月	0	0	0	0	0	0
全年值	249	0	64	0	14	0

3.3.4　阈值法

烟台市处于北方,境内河流均为中小河流,且开发程度较高,根据表3-3应选取多年平均地表水资源量的 5%～10% 为生态流量阈值,本研究中取 10%。依据山东省暴雨图集读取各个流域的多年平均径流深,并依据多年平均径流深求得流域的多年平均地表水资源量,见表3-5。

表 3-5　各流域地表水资源量及生态需水量

流域	多年平均径流深 （mm）	多年平均地表水资源量 （万 m³）	生态需水量 （万 m³）
大沽河流域	280.0	14 929	1 493
大沽夹河流域	261.5	59 085	5 908
东村河流域	260.0	6 036	604
黄金河流域	200.0	1 422	142
黄水河流域	170.0	17 335	1 733
界河流域	182.0	10 666	1 067
龙山河流域	150.0	2 023	202
平畅河流域	183.8	4 602	460
沁水河流域	300.0	5 777	578
王河流域	155.0	9 472	947
五龙河流域	255.0	70 673	7 067
辛安河流域	228.0	6 274	627
泳汶河流域	125.0	2 552	255
总计	—	210 846	21 083

3.4　生态基流的确定

3.4.1　生态基流的比较与分析

大沽夹河流域、五龙河流域和黄水河流域分别采用 Tennant 法、Q_P 法、历史最枯月径流法、阈值法计算生态需水量,其余 10 个流域,由于没有足够的资料满足前三种方法的计算,只采用阈值法计算生态需水量的全年值。为了确定适于烟台市典型流域的生态基流的计算方法,对 3.3 节中的 4 种方法计算的生态基流结果进行比较,结合烟台市的实际情况,确定烟台市典型流域的生态基流。

3.4.1.1　有水文资料流域的生态基流

对比分析不同方法计算所得的福山水文站、臧格庄水文站、团旺水文站、门楼水库水文站、沐浴水库水文站、王屋水库水文站生态基流,选取合适方法的计算结果作为 13 条河流的生态基流。6 个水文站控制断面的生态基流全年值的 Tennant 法、Q_{90} 法、最枯月径流法、阈值法结果见表 3-6。

表 3-6　生态基流全年值

单位:万 m³

站点	Tennant 法	Q_{90} 法	最枯月径流法	阈值法
臧格庄	842	349	64	1 145
福山	1 598	650.4	0	2 393
团旺	4 604	1 347	249	5 624
沐浴水库	795	146	0	1 229
门楼水库	1 988	700	0	2 805
王屋水库	587	105	14	608

由表 3-6 可知,相比于 Tennant 法和阈值法计算的生态基流全年值,Q_{90} 法计算的全年值较小,6 个水文站的生态基流均达不到前两者的一半,水量上不能满足烟台市重点流域生态环境的需求。最枯月径流法计算的全年值是四者中最小的,其中福山、沐浴水库和门楼水库水文站的全年生态基流为 0,不符合实际情况,而其余水文站均远远小于其余三者,不能满足生态环境的最低要求。对于 Tennant 法和阈值法,两者 6 个水文站计算的全年生态基流均较大,相对能满足生态环境对于水量的要求,两者也较为接近,均可作为烟台市重点流域的生态基流。

3.4.1.2　无水文资料流域的生态基流

除大沽夹河流域、五龙河流域和黄水河流域有长序列经还原的径流资料,能够满足 Tennant 法、Q_P 法、历史最枯月径流法的生态基流的计算,其余 10 个流域均不满足这 3 种方法的计算要求。因此,其余的 10 个流域采用阈值法的计算值作为生态基流的全年值。具体结果见表 3-5。

综上所述,烟台市 13 个重点流域采用阈值法计算生态基流。

3.4.2　生态基流年内分配

阈值法计算的生态基流为全年值,为获得生态基流的逐月值。应确定合理的时程分配比例,将阈值法的计算结果分配至各月份。

3.4.2.1　有水文资料流域的阈值法年内分配

对于有水文资料流域的阈值法计算结果,本研究拟采用 Tennant 法计算的月生态基流比例进行时程分配。由于 Tennant 法属于控制断面生态环境需水量的计算方法,阈值法属于河道水系生态环境需水量的计算方法,两者代表的含义不同,而且 Tennant 法的计算资料是烟台市 2016 年以前的多年平均地表水资源,阈值法的计算资料是烟台市 2000 年以前的多年平均地表水资源,两者的资料年限不同,因此,需要分析两者的相关性。

对 Tennant 法和阈值法计算得到的生态基流全年值进行相关性分析,如图 3-2 所示。由相关性分析结果可知,Tennant 法和阈值法的相关性系数约为 0.98,说明二者在烟台地区的相关性较好。

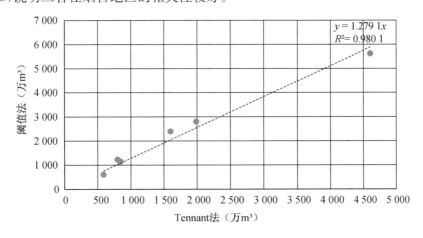

图 3-2 Tennant 法和阈值法结果相关性

因此,可以采用 Tennant 法年内不同时段值占全年值的比例,将阈值法的结果分配至各个月,分配系数结果见表 3-7。其中大沽夹河为清洋河和大沽夹河干流汇流而成,由 3 座水文站控制,故采用 3 座水文站的平均值作为大沽夹河的生态需水量分配系数;黄水河流域采用王屋水库的年内不同时段值占全年值的比例作为生态需水量的分配系数;五龙河团旺水文站控制流域大部分面积,故五龙河流域采用团旺水文站的年内不同时段值占全年值的比例作为生态需水量的分配系数。

表 3-7 Tennant 法生态需水量分配系数

流域	1 月	2 月	3 月	4 月	5 月	6 月
黄水河	0.015	0.015	0.016	0.018	0.026	0.049
大沽夹河	0.016	0.014	0.019	0.018	0.021	0.039
五龙河	0.015	0.011	0.019	0.025	0.025	0.034

流域	7月	8月	9月	10月	11月	12月
黄水河	0.297	0.393	0.115	0.027	0.025	0.017
大沽夹河	0.230	0.413	0.148	0.042	0.025	0.019
五龙河	0.255	0.376	0.159	0.041	0.025	0.019

3.4.2.2 无水文资料流域的阈值法年内分配

对于没有水文站的流域,采用邻近有水文资料流域的生态需水量分配系数进行阈值法时段分配计算,考虑同一水资源分区的水文地质情况更为接近,优先考虑属于同一水资源分区的情况,其原则如下:

(1) 对于同属一个水资源分区,若该水资源分区仅存在一条有水文资料的河流,采用该有水文资料流域的分配系数。

(2) 对于同属一个水资源分区,若该水资源分区存在一条以上有水文资料的河流,采用邻近有水文资料流域的分配系数。

(3) 对于所属的水资源分区内没有水文资料的河流,采用邻近水资源分区的有水文资料流域的分配系数。

根据上述原则,胶东南区的东村河和大沽河区的大沽河采用五龙河的分配系数,胶东北区的王河、界河、龙山河采用黄水河的分配系数,胶东北区的平畅河和黄水河采用大沽夹河的分配系数,胶东东区的沁水河和辛安河采用大沽夹河的分配系数。

各流域采用的分配系数见附表3,13个流域的最终生态环境需水量结果见附表4。

<table>
<tr><td>第四章</td><td>流域现状及生态基流保障程度分析</td></tr>
</table>

4.1　烟台市水资源开发利用分析

4.1.1　水资源利用现状

4.1.1.1　供水现状

根据《烟台市第三次水资源调查评价》,烟台市多年平均水资源总量为29.60亿 m³,其中多年平均地表水资源量为 24.91亿 m³,多年平均地下水资源量为 12.78亿 m³。

烟台市多年平均供水量为9.26亿 m³,其中多年平均地表水供水量 4.32亿 m³,多年平均地下水供水量 4.83亿 m³,多年平均其他水源供水量 0.11亿 m³。2018 年烟台市实际供水量为 9.01亿 m³,其中地表水供水量 5.34亿 m³,地下水供水量 3.61亿 m³,其他水源供水量 0.062亿 m³,烟台市供水结构分布见图4-1。

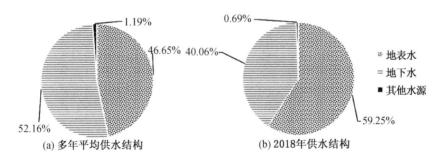

图 4-1　烟台市供水结构

4.1.1.2　用水现状

（1）用水结构

烟台市用水分布中多年平均生活用水量为 1.30亿 m³,多年平均农业用水量为 6.44亿 m³,多年平均第二产业用水量为 1.29亿 m³,多年平均第三产业水量为 0.29亿 m³,多年平均生态用水量为 0.05亿 m³。2018 年烟台市农业用水量为

5.26 亿 m³,生活用水量为 1.74 亿 m³,第二产业用水量为 1.52 亿 m³,第三产业水量为 0.48 亿 m³,生态用水量为 0.01 亿 m³。烟台市用水结构分布见图 4-2。

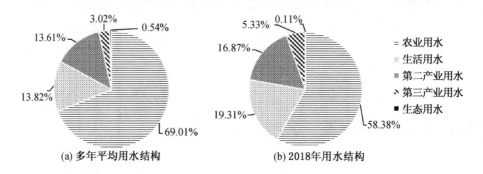

注:图内数字四舍五入,取约数。

图 4-2　烟台市用水结构

(2) 水资源开发利用演变形势

统计 2001—2018 年烟台市用水情况,分析得出烟台市水资源开发利用演变趋势,见图 4-3。

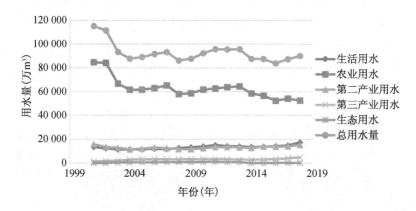

图 4-3　烟台市水资源开发利用演变趋势

2001—2018 年,烟台市总用水量呈下降趋势。仅在 2001 年与 2002 超过 10 亿 m³,2003—2018 年,总用水量在 8 亿~10 亿 m³ 之间。生活用水、第二产业用水与生态用水总体变化不大,第三产业用水略有上升,但增幅不大。农业用水变化趋势与总用水量相似,在 2001 年与 2002 年超过 8 亿 m³,2003—2018 年,农业用水量为 5 亿~7 亿 m³。说明总用水量下降的原因主要是农业用水量的减少。

4.1.2　水利工程建设现状

4.1.2.1　水库闸坝工程

烟台市当前共建有 3 座大型水库,总库容为 5.35 亿 m³,兴利库容为 3.06 亿 m³;26 座中型水库,总库容为 65 820 万 m³,兴利库容为 34 220 万 m³;1 081 座小型水库,总库容为 58 222 万 m³,兴利库容为 36 129 万 m³。全市现有塘坝 9 344 处,总容积为 1.84 亿 m³。大沽夹河、东五龙河、黄水河三大河流上较大拦河闸坝有 60 处,其中大沽夹河 14 处,东五龙河 39 处,黄水河 7 处,总调节水量为 15 160 万 m³。近年来对大沽夹河、黄水河、沁水河等大中型河道进行了综合治理,相应修建了拦河闸坝,地下水库等调蓄工程。建设中大(2)型水库一座,为大沽夹河流域老岚水库,总库容为 14 780 万 m³,兴利库容为 8 000 万 m³。以上水利工程的建成,不仅在很大程度上减轻了洪涝灾害的威胁,并为水资源的开发利用创造了良好的条件。

4.1.2.2　外调水工程

烟台市当前外调水工程主要为南水北调工程烟台段及黄水东调工程,其中南水北调工程烟台段分为胶东调水干线工程和南水北调配套工程两大部分。黄水东调二期工程建成后,烟台可调引客水量达 2.335 亿 m³,年调水天数由过去的 91 d 增至 243 d。供水目标以城市生活与工业用水为主,兼顾生态及高效农业用水。

胶东调水干线工程总投资约 50.69 亿元,途经烟台市莱州、招远、龙口、蓬莱、栖霞、福山、莱山、高新区和牟平区 9 个市、区,境内长 278 km。2003 年 12 月开工建设,目前已完工并进入调水运行阶段。胶东调水南线工程在烟台市境内全长 80 km,途经莱阳、海阳 2 个市。海阳市胶东调水南线配套工程在石人泊村南 500 m 处设一处分水口,分水量为 1 000 万 m³,在输水干管上接出 DN1200×500 三通管,并设闸阀和计量设备进行控制和计量,输水流量为 0.29 m³/s。

南水北调配套工程包括烟台市区以及莱州、龙口、招远、蓬莱、栖霞 6 个供水单元,设计年调水量为 9 650 万 m³。2012 年下半年,各供水单元工程陆续开工建设,目前均已完成并通过通水验收,具备接纳调水客水条件。烟台市区续建配套工程设计年分水量为 4 150 万 m³,分水口为门楼水库分水口、辛安桥分水口,门楼水库分水口分水量为 2 150 万 m³,辛安桥分水口分水量为 2 000 万 m³,调蓄水库为现有的高陵中型和门楼大型水库,新建泵站为南自格庄泵站和旺远泵站。

黄水东调工程由曹店引黄闸、麻湾引黄闸引水,输水至广南水库沉沙池,沉沙、调蓄、二次加压后输水至宋庄控制工程与胶东调水工程连通。工程设计年供水量为 3.15 亿 m³,向青岛、烟台、威海三市供水。黄水东调工程于 2019 年 7 月全线贯通,工程已具备设计调水能力 15 m³/s。目前正在与胶东调水工程联合运行,实施向烟台、威海两地应急调水。

外调水工程建设作为烟台市城市发展建设的重要一环,是烟台市未来发展不可或缺的基础性资源。

4.1.2.3　地下水工程

烟台市自 20 世纪 80 年代起,为满足经济社会迅猛发展所带来的需水量增长,地下水开发量大幅增加,一些集中开发的区域产生了地下水位下降,形成降落漏斗,同时,在沿海区域产生了海水入侵等地下水环境问题。进入 2000 年以来,特别是 1998—2001 年 3 年连续大旱以来,加强了水资源的科学调度,强化了地下水资源的保护性开发利用,地下水的开采量逐年下降。全市地下水开采量总体上呈现逐年减少的趋势,地下水开发利用量从 2001 年的 7.69 亿 m³ 下降到 2017 年 3.89 亿 m³;地下水开采量占总供水量的比例相应地从 2001 年的 67.5% 逐年下降到 2017 年的 44.6%。

烟台市现已建成的地下水库有永福园地下水库、王河地下水库、黄水河地下水库 3 座。永福园地下水库位于芝罘、福山及莱山 3 区所辖范围内,北起坝线,南至内夹河门楼水库坝下及外夹河旺远河段,库区回水面积为 63.26 km²,总库容(水位高程 0.5 m 以下)为 2.05 亿 m³,设计调节库容为 6 500 万 m³。

4.1.2.4　水系连通工程

烟台市目前已基本建成"一横七纵库相连"水网的骨干构架。"一横"是贯穿烟台市东西的胶东地区引黄调水北线工程;"七纵"是指五龙河、大沽夹河、黄水河、界河、王河、辛安河、大沽河 7 条流域面积大于 300 km² 的主干河道;"库相连"是指以分布在全市范围内的 28 座大中型水库和 3 座规划的大中型水库为重要节点实现库库相联、库河相联、库渠相联。

4.2　典型流域现状分析

本研究以大沽夹河流域、东村河流域、黄水河流域、王河流域和五龙河流域为典型流域进行水资源现状分析,同时对所有河道进行实地调研。

4.2.1 水资源现状分析

4.2.1.1 水资源量

（1）水资源总量

水资源总量为地表水资源量与地下水资源量之和扣除相互转化的重复计算量。各典型流域不同频率水资源总量结果见表4-1。

表4-1 烟台市各典型流域不同频率水资源总量

单位:万 m³

流域	不同频率地表水资源量			地下水资源不重复量	不同频率水资源总量		
	50%	75%	95%		50%	75%	95%
大沽夹河	35 916	20 294	7 292	21 128	57 044	41 422	28 420
东村河	3 714	2 021	664	1 825	5 539	3 846	2 489
黄水河	14 293	7 926	2 726	11 896	26 189	19 822	14 622
王河	6 285	3 536	1 234	5 232	11 517	8 768	6 466
五龙河	44 292	24 563	8 463	22 373	66 665	46 936	30 836

（2）水资源可利用总量

地表水资源可利用量等于地表径流量扣除超出防洪标准而排入海的不可利用的洪水量,地下水资源可开采量是指在可预见的时期内,且在技术上可能、经济上合理和不造成水位持续下降、水质恶化及其他不良后果条件下可供开采的多年平均地下水量。当地水资源可利用总量由当地地表水资源可利用量和当地地下水资源可开采量两部分组成。

各典型流域不同频率水资源可利用量见表4-2。

表4-2 烟台市各典型流域不同频率水资源可利用量

单位:万 m³

流域	不同频率地表水资源可利用量			地下水资源可利用量	不同频率水资源可利用量		
	50%	75%	95%		50%	75%	95%
大沽夹河	21 550	14 206	5 834	13 562	35 112	27 768	19 396
东村河	2 228	1 415	531	888	3 116	2 303	1 419
黄水河	8 576	5 548	2 181	7 496	16 072	13 044	9 677
王河	3 771	2 475	987	3 388	7 159	5 863	4 375
五龙河	26 575	17 194	6 771	12 350	38 925	29 544	19 121

4.2.1.2 供水现状

根据供水水源类型将流域内供水分为地表水供水、地下水供水和其他水源供水三类,结合流域实际情况将大沽夹河流域内地表水供水又分为蓄水工程供水和跨流域调水两部分,其他水源供水分为污水处理和海水淡化两部分。

各典型流域2018年水资源供水量分布见表4-3。

4.2.1.3 用水现状

用水分为生活用水、农业用水、第二产业用水、第三产业用水与生态用水。

其中生活用水分为城镇生活用水、农村生活用水。农业用水包括农田灌溉用水和林牧渔畜用水。农业是用水大户,考虑作物的差别按不同灌溉定额分别计算。林牧渔畜用水包括林果地灌溉、牲畜用水,由于其用水特点不同,需分别进行统计。第二产业用水包括一般工业用水、火(核)电用水、建筑业用水。第三产业用水包括商品贸易、餐饮住宿、交通运输、仓储、邮电通讯、文教卫生、机关团体等各种商饮、服务行业的用水量。表中的生态用水仅指河道外生态用水,由城区绿化用水、道路浇洒等组成。

各典型流域2018年用水量分布见表4-4。各典型流域2018年用水量结构见图4-4。

由表4-4和图4-4可得,各典型流域2018年总用水量按照用水比例从高到低排列为:农业、生活、第二产业、第三产业、生态。其中农业用水占比最大,各流域都占到50%以上,其中五龙河流域与东村河流域超过了70%,说明农业是各流域的用水大户。各流域生活用水占比相近,都占20%左右;各流域第二产业用水占比相差较大,其中大沽夹河流域与黄水河流域占比超过15%,东村河流域与五龙河流域仅占5%左右;各流域第三产业用水占比较小,仅大沽夹河流域超过总用水量的5%,其他流域都在2.5%以下;各流域生态用水占比最小,最大的王河流域占总用水量的0.21%,最小的五龙河流域仅占0.04%。

4.2.2 河道断流现状

根据相关资料及实地调研情况,烟台市各典型流域属于典型的山溪性雨源型河流,河道流量与降水量变化规律基本一致,且年内、年际变化大。洪水集中在汛期,枯季流量较小。近年来受干旱影响,流域内总体降雨量较少,致使河道内难以形成流动水流,特别是在拦河闸坝等水利工程的影响下,河道中下游经常出现断流现象,生态流量无法保证。河道断流造成河道本身以及所属流域水文功能和生态功能的丧失或部分丧失,河道的水文循环和输水作用名存实亡,生物多样性水平大大降低,生物与环境之间进行能量转换和物质循环的基本功能丧

表 4-3　2018 年烟台市各典型流域现状水资源供水量

单位:万 m³

河道名	地表水供水量					地下水供水量	其他水源供水量			总供水量
	蓄水	引水	提水	跨流域调水	小计		污水处理再利用	海水淡化	小计	
大沽夹河	7 749	0	0	1 277	9 026	8 663	22	0	22	17 711
东村河	474	0	0	0	474	463	0	0	0	937
黄水河	3 509	0	0	947	4 456	4 788	0	0	0	9 244
王河	870	0	0	273	1 143	2 030	68	25	93	3 266
五龙河	8 239	0	0	0	8 239	6 617	0	0	0	14 856

注:五龙河流域无外调工程,调水属于区域内调水。

表 4-4　2018 年烟台市各典型流域用水量结果表

单位:万 m³

流域	生活用水			农业用水				第二产业用水			第三产业用水	生态用水	合计
	城镇	农村	小计	农田灌溉	林牧渔	牲畜	小计	工业	建筑业	小计			
大沽夹河	3 252	581	3 833	6 150	3 361	227	9 738	2 754	119	2 873	1 236	31	17 711
东村河	109	82	191	469	177	52	698	29	10	39	8	1	937
黄水河	761	1 134	1 895	3 385	1 907	155	5 447	1 546	121	1 667	230	5	9 244
王河	598	93	691	1 499	481	84	2 064	418	17	435	69	7	3 266
五龙河	1 408	1 295	2 703	7 313	3 437	427	11 177	647	125	772	198	6	14 856

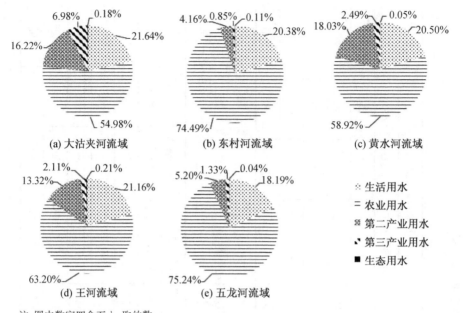

(a) 大沽夹河流域　(b) 东村河流域　(c) 黄水河流域

(d) 王河流域　(e) 五龙河流域

<small>⬡ 生活用水
＝ 农业用水
▨ 第二产业用水
◣ 第三产业用水
■ 生态用水</small>

注：图内数字四舍五入，取约数。

图 4-4　各典型流域 2018 年用水量结构图

失，生态环境呈现恶化状态。

4.2.2.1　大沽夹河

根据实地调研，大沽夹河流域上游断流明显，中游有不连续水面，下游水量较上中游略显丰富，但也处于静止状态，未形成流动水流。流域上游多为山区，居民较少，仅有水库为补水水源，中下游为城区段，河道断流严重影响市容市貌。

大沽夹河河道现状见图 4-5、图 4-6。

图 4-5　红旗西桥断面图　　　**图 4-6　福山水文站断面**

4.2.2.2　五龙河

根据实地调研，五龙河下游有一定水量，在下游桥头村旁河道水量较大。但目前五龙河及其骨干河道治理仍是以防洪为主,护坡形式单一,生态功能弱,亲水效果较差。部分河段河床存在形状不规则且深度不等的槽、坑、窝,严重处河床、滩地整体塌陷,河道断面支离破碎。

五龙河河道现状见图 4-7、图 4-8。

图 4-7 桥头村旁河道

图 4-8 五龙河大桥下游断面

4.2.2.3 黄水河

根据实地调研,黄水河河道内几乎没有水,河道干涸。黄水河两岸,特别是中下游滩地较宽,滩地多为基本农田,河道自然缓冲带基本上已不存在,滩地呈现典型的农业生态系统特征,扰动频繁,面源污染严重,河滩地生态功能基本丧失。

黄水河河道现状见图 4-9、图 4-10。

图 4-9 黄水河中游断面

图 4-10 黄水河下游入海口断面

4.2.2.4 王河

根据实地调研,王河河道内几乎没有水,河道干涸。王河两岸护坡多为传统护坡,隔绝了土壤与水体之间的物质交换,原先生长在岸上的生物不能继续生存,不利于河流的生态系统健康发展。

王河河道现状见图 4-11、图 4-12。

图 4-11　西由拦河闸现状　　　图 4-12　过西橡胶坝现状

4.2.2.5　东村河流

根据实地调研,东村河河道内有一定水量,尤其是河道下游,水量较大。且河道下游多为生态护坡,既能满足护坡稳定性,又能恢复被破坏的自然生态环境。东村河河道现状见图 4-13、图 4-14。

图 4-13　臧家庄附近漫水桥　　　图 4-14　东村河下游断面

4.2.2.6　界河

根据实地调研,界河河道多数为干枯状态,国测断面存在部分水量,为上游污水厂尾水经湿地净化后流入河道,水质较好。界河河道现状见图 4-15、图 4-16。

4.2.2.7　辛安河

根据实地调研,辛安河下游在入海口附近水量较大,但水体中含盐量高,河道内水为河水与海水的混合水,可能存在海水入侵现象。辛安河下游段岸坡为自然岸坡,受人为影响较小。

图4-15　界河国测断面

图4-16　界河国测断面

辛安河河道现状见图4-17、图4-18。

图4-17　辛安河下游断面

图4-18　辛安河入海口现状

4.2.2.8　沁水河

根据实地调研,沁水河河道干涸,仅在上游第一水厂附近有一定水量。河道两岸为传统护坡,难以恢复自然植被,不利于生态环境的保护和水土保持。

沁水河河道现状见图4-19、图4-20。

图4-19　沁水河河道断面

图4-20　第一水厂断面

4.3 生态基流保障程度分析

采用有实测日径流资料的水文站分析其 2011—2018 年的生态需水量的保障程度,可以反映保障生态基流的必要性。

现有 6 个水文站有经过天然径流还原的径流资料,分别是根据大沽夹河流域的门楼水库水文站、福山水文站、臧格庄水文站,五龙河流域沐浴水库站和团旺站以及黄水河流域的王屋水库站,对这 3 个流域 6 个水文站的保障程度进行分析。

保障程度为 1 个月内满足生态需水量的天数与该月天数之比,即

$$P_i = \frac{D_i}{D} \tag{4-1}$$

式中: P_i 为天数保障程度; D_i 为该月份内满足生态需水量的天数; D 为该月份的天数。

4.3.1 大沽夹河流域保障程度分析

根据大沽夹河的门楼水库水文站、福山水文站、臧格庄水文站近 8 年(2011—2018 年)实测径流量与不同时段生态环境需水量相比较来评价主要控制断面生态需水的满足程度。大沽夹河流域各水文站见图 4-21,大沽夹河流域主要由大沽夹河干流、清洋河两大支流汇合而成,其中臧格庄水文站和门楼水库水文站位于清洋河中游,福山水文站位于大沽夹河干流上。大沽夹河流域2011—2018 年的生态需水量保障程度见附表 5~附表 7。

大沽夹河流域臧格庄水文站的全年天数保障程度达到了 93%,门楼水库站为 16%,福山站仅有 4%,门楼水库站是烟台市市区的供水水源,除汛期外,基本不放水,因此门楼水库站的保障程度较低,而臧格庄水文站位于门楼水库上游,不受门楼水库站调蓄影响,更接近天然径流情况,在一定程度受人为影响较小,因此有较高的保障程度。福山水文站的保障程度较低是因为大沽夹河干流福山上游段共有 7 座橡胶坝拦蓄上游来水,在非汛期很难会有较高的流量以满足生态需水。从年份上来看,2014—2018 年是连续干旱年,相较于 2011—2013 年保障程度更低一些。以月尺度分析,福山站和门楼水库站各个月份的保障程度均不高,臧格庄站 5—8 月的保障程度较低,其中最低的是 6 月与 7 月,这期间是农业用水量比较高的时期。

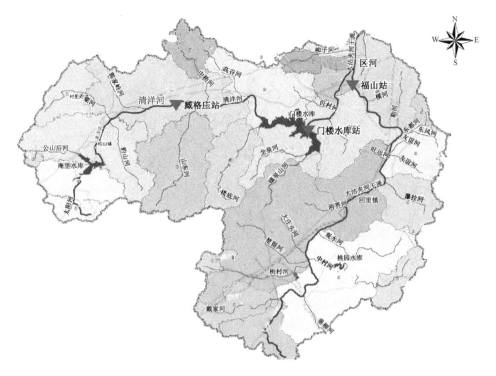

图 4-21 大沽夹河水文站示意图

除了臧格庄水文站保障程度较高,其他两个站均不能满足很高的保障程度。尤其是福山站和门楼水库站,福山站上游建设多座橡胶坝拦蓄上游来水,造成下游河道生态需水量保障程度较低,因此需要合理的橡胶坝联合调度方案以保证下游河道的生态需水量;门楼水库站为市区的供水水源,现状没有稳定的生态下泄水量。臧格庄站有较高的保障程度,但是在农业用水的高峰期保障程度会有所降低,因此需要合理配置水资源,或采用其他水源以满足生态需水量。

4.3.2 五龙河流域保障程度分析

根据五龙河沐浴水库水文站、团旺水文站近 8 年(2011—2018 年)实测径流量与不同时段基本生态环境需水量相比较来评价主要控制断面生态需水的保障程度。五龙河流域各水文站见图 4-22,其中沐浴水库站位于五龙河支流岘河下游,团旺站位于五龙河干流下游。五龙河流域 2011—2018 年的生态需水量保障程度见附表 8~附表 9。

五龙河流域团旺水文站的全年天数保障程度达到了 82%,沐浴水库站仅为 8%。沐浴水库为莱阳市城区的主要供水水源地,且沐浴水库站没有稳定的生态

图 4-22 五龙河水文站示意图

下泄流量,因而其保障程度不高。团旺站位于五龙河下游,控制着五龙河 87%的流域面积,远大于沐浴水库站的集水面积,受沐浴水库的调蓄影响较小,同时上游污水处理厂尾水排入河道,得到一定量的水量补充,因此团旺站的保障程度高于沐浴水库站。从年份来看,2014—2018 年是连续干旱年,相较于 2011—2013 年保障程度更低一些。从月份上来看,沐浴水库站受人为调控,各个月份的保障程度均不高,团旺站与臧格庄站一致,5—8 月的保障程度较低,其中最低的是 6 月与 7 月,这期间是农业用水的高峰期。

从两个站的保障程度可以看出,两个站保障程度都较低,尤其是沐浴水库站。团旺站上游建设多座拦河闸拦蓄上游来水,在农业用水高峰期,尤其是枯水年,从河道内大量取水,向下游下泄水量较少,造成下游河道生态需水量保障程度较低,因此需要合理的闸坝联合调度方案以及其他水源补给以保证下游河道的生态需水量;沐浴水库为莱阳市城区的供水水源地,现状没有稳定的生态下泄水量。

4.3.3　黄水河流域保障程度分析

根据黄水河王屋水库水文站近 8 年(2011—2018 年)实测径流量与不同时段基本生态环境需水量相比较来评价主要控制断面生态需水的满足程度。黄水河 2011—2018 年的生态需水量保障程度见附表 10。

黄水河流域王屋水库水文站的全年天数保障程度仅为 1%,王屋水库为龙口市的主要供水水源地,受人为调控,除汛期下泄洪水时,均无较大的流量,没有稳定的生态下泄流量,因此王屋水库站的保障程度较低。

从王屋水库站的保障程度可以看出,王屋水库站生态基流保障程度较低,王屋水库主要向龙口市城区供水,农业灌溉以及向工矿企业供水,现状没有稳定的生态下泄水量,下游段生态需水量难以得到补给,因此需要合理的配置水源,或采用其他水源补给生态需水。

4.3.4　断流原因分析

造成烟台市典型流域河道断流的主要原因有以下 4 点。

4.3.4.1　近年来降雨来水较少

降水是河川径流的重要来源,雨量偏少会直接影响河道水量和水位,影响河道正常功能行使和生态系统维持。水面蒸散发主要受气象因素的影响,主要包括太阳辐射、温度、湿度、风速等,同时也受自然地理因素影响,如水面形状、面积、水质、水深等。北方地区枯水季节干燥少雨,蒸发量大,加剧河道补水不足导致的干枯问题。

烟台市地处山东半岛中部,1956—2016 年多年平均年降水量为 674.7 mm,但在 1980—2016 年的多年平均年降水量为 629.3 mm,相对于前者偏少 6.7%,特别是 2014—2016 年三年降水量分别为 564.5、548.1 和 528.5 mm,比 1956—2016 年多年平均年降水量分别偏少 16.3%、18.8% 和 21.2%,说明近年来降水量减少。同时烟台市多年平均年陆上水面蒸发量为 1 080.5 mm,远高于多年平均年降水量,干旱指数达到 1.60。烟台市河流均为典型的山溪性雨源型河流,降水是河川径流的重要来源,雨量偏少会直接影响河道水量和水位,影响河道正常功能的行使和生态系统的维持,容易造成河道断流。

4.3.4.2　水资源年内分布不均

烟台市的水汽主要来自西太平洋。冬半年,流域受极地大陆冷气团控制,多西北风,气候寒冷干燥,雨雪稀少;夏半年,流域大部受西太平洋副高压影响,带来大量水汽,雨水较多。这种典型季风气候,使得烟台市降雨季节性强,每年70%的降雨多集中在汛期,且多以暴雨形式出现,年内降雨极不均匀,造成水资源年内分布不均的明显特点,极易出现断流。

4.3.4.3　地下水大量开采使地表径流进一步衰减

随着河道来水量的减少,烟台市工农业和生活用水使用地下水量增加。烟台市多年平均地下水开采量为 6.51 亿 m^3,而该市多年平均地下水可开采量(指在可预见的时期内,通过经济合理、技术可行的措施,在不致引起生态环境恶化的条件下,允许从含水层中获取的最大水量)为 7.45 亿 m^3。但烟台市地下水开采利用极不平衡,龙口市、莱州市、开发区、芝罘区等市(区)长久以来地下水超采严重,已造成地下水位下降,含水层疏干,导致地下水位下降形成大面积的降落漏斗,从而使地表径流补给地下水的数量增加。径流量的减少引起河道断流,河道断流无法正常补充地下水,造成地下水水位进一步下降,地表径流进一步衰减,地表、地下进行水循环的功能逐渐丧失,从而使河道断流加剧。

4.3.4.4　烟台市可供水量严重不足

由 4.1 节可知,由于可供水量严重不足,近年来烟台市农业用水量呈下降趋势。其中,2013 年烟台市处于丰水年,年降水量达到 803.4 mm,农业用水量为66 082 万 m^3;2014—2016 年烟台市处于枯水年,农业用水量则维持在 52 000 万~56 000 万 m^3 之间。根据实际用水量数据,认为 2014—2016 年实际农业供水保证率偏低,农业用水无法得到充分保障。因此,烟台市长期处于用水紧缩的状态,很难有额外的水源用于河道生态补水,加剧了河道断流。

第五章 | 典型河道生态基流保障方案

5.1 生态基流保障措施分析

5.1.1 补水量计算思路

根据第三章所计算结果(附表4)可知各流域逐月生态需水量,由于存在水面蒸发及河道下渗等损失量,因此,为保证各流域河道生态水量要求,在构建相应模型时需考虑蒸发、下渗等水量损失。综合考虑烟台市各典型河道现状及水利工程建设情况,并结合已有资料条件,采用MIKE11降雨径流模块(NAM)和水动力模块(HD)耦合模型来模拟流域产汇流过程,通过模型的率定与验证得到流域产汇流规律,继而由各流域逐月生态需水量通过模型来推求各流域控制河段逐月生态补水量。

降雨径流模块所需的输入数据包括气象数据、流量数据(用于模型率定和验证)、流域参数和初始条件。本研究中所用气象数据为实测蒸散发数据,流量数据为水文站实测径流资料。模型计算结果信息包括各汇水区的地表径流时间序列(可细化为坡面流、壤中流和基流)以及其他水文循环单元中的信息,如土壤含水量和地下水补给等。NAM模型模拟的水文过程见图5-1。

水动力模块广泛应用于洪水模拟、水利工程联合调度、河口风暴潮等研究,该模型计算稳定、计算速度快、模拟精度高、实用性强,能够准确灵活地模拟复杂河网的水流运动,以及联合堰、涵、泵、闸门、溃堤等各类水工建筑物的调度运用,对于水工建筑物调度运用困难且运用条件复杂的工程情况尤为适用。该模块主要由5个文件组成,分别为模拟文件(.sim)、河网文件(.nwk11)、断面数据(.xns11)、边界条件(.bnd11)、模型参数文件(.hd11),其中模拟文件(.sim)是由其他4部分生成的。该模块主要包含河道信息和水工建筑物概况。河道信息主要包括河道长度、断面信息、糙率以及初始水位流量情况;水工建筑物概况主要指其类型、规模及调度运行方式等。

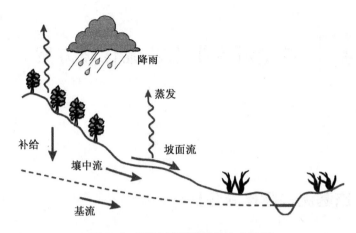

图 5-1 NAM 模型模拟的水文过程

水动力模块主要是模拟水文的特征值水位及流量。本研究中主要用于推求闸坝最优高度及控制断面生态流量设定。MIKE11 的水动力模块(HD)模型计算是基于一维非恒定流圣维南方程组来模拟河流或河口的水流状态。圣维南方程组是反映有关物理定律的微分方程,包括质量守恒方程和动量守恒方程,方程组如下:

$$
\begin{cases}
\dfrac{\partial A}{\partial t} + \dfrac{\partial Q}{\partial x} = q \\[3mm]
\dfrac{\partial Q}{\partial t} + \dfrac{\partial\left(\alpha\dfrac{Q^2}{A}\right)}{\partial x} + gA\dfrac{\partial h}{\partial x} + \dfrac{gQ|Q|}{C^2 AR} = 0
\end{cases}
\tag{5-1}
$$

式中:x 为计算点的空间坐标;t 为计算点的时间坐标;A 为过水断面面积;Q 为过流流量;h 为水位;q 为旁侧入流流量;C 为谢才系数;R 为水力半径;α 为动量校正系数;g 为重力加速度。

由于缺乏河道断面资料,查阅相关文献后决定利用 DEM 数据中丰富的地面坐标和高程信息,自动识别河道断面方向并提取断面数据。从 DEM 数据中提取断面数据步骤见图 5-2。

通过流域实测日径流资料进行模型参数的率定与验证,模型的参数率定以水量平衡和确定性系数最优为检验标准,使所构建模型能够较好地模拟整个流域的产汇流过程。在参数率定与验证之后,以逐月生态水量与各月时间相除所得控制断面逐月生

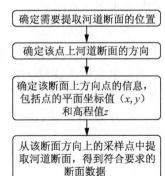

图 5-2 断面信息提取步骤

态流量,采用人工试错的方法不断调整上游来水量,直至控制断面流量满足生态基流要求。此时所确定的上游来水量即为所求生态补水量。

为使流域内生态基流得到长期保障,首先应确定合理的补水水源进行生态补水。由于近几年降水量较少,流域内水库处于死库容,现状条件难以采用水库放水,远期可视水库实际情况进行放水,以补充河道内生态用水。流域内污水处理量较大,但污水处理厂出水水质很难达到河道水功能区水质标准要求,需将污水厂尾水经湿地净化后排入河道补充河道生态用水。烟台市内海水淡化设施均距河道较远,输水成本较高,无法采用淡化海水进行生态补水。此外,外调水水质较好,可通过水源置换对河道进行生态补水。

由于各流域生态补水能力会随时间变化,因此本研究考虑在河道内各橡胶坝最优利用时,利用水库闸坝优化利用模型和水文水动力模型模拟河道内满足生态需水量时,各控制河段坝址断面水深最高的情况。此时的闸坝高度即为河道闸坝最佳工况组合。

5.1.2　补水水源分析

5.1.2.1　再生水

污水处理再生水相对规模较大、水量相对稳定、集中供水较易实现、成本相对较低,可有效提高水资源的重复利用率,解决城市水资源危机,促进水资源可持续循环利用,是协调水资源和城市水环境常用方法之一。近年来,我国对于再生水的利用越发重视,2015 年 4 月 2 日,国务院印发了《水污染防治行动计划》(国发〔2015〕17 号),明确提出:促进再生水利用。以缺水及水污染严重地区城市为重点,完善再生水利用设施,工业生产、城市绿化、道路清扫、车辆冲洗、建筑施工以及生态景观等用水,要优先使用再生水。推进高速公路服务区污水处理和利用。具备使用再生水条件但未充分利用的钢铁、火电、化工、制浆造纸、印染等项目,不得批准其新增取水许可。到 2020 年,缺水城市再生水利用率超过20%,京津冀区域超过 30%。2016 年 10 月,山东省住房和城乡建设厅发布了《山东省城市节约用水"十三五"发展规划》,提出到 2020 年,城市污水处理厂再生水利用率达到 25%。

截至 2018 年,烟台市共建有污水处理厂 35 处,全市现状污水处理厂规模为126.32 万 t/d,运行规模为 105.39 万 t/d,其中再生水产量为 12.07 万 t/d,再生水利用率为 11.24%,根据烟台市城镇污水处理厂运行情况分析,烟台市再生水利用率较低,仍有较大开发潜力。

由附表 11 可知,烟台市再生水利用存在以下 2 个问题。

（1）实现再生水回用的厂区数量少且分布小

烟台市目前运行 35 座污水处理厂中，仅烟台碧海水务有限公司、招远市桑德水务有限公司、烟台中联环污水处理有限公司、莱州莱润控股有限公司、烟台市套子湾污水处理有限公司（二期工程）、蓬莱市碧海污水处理有限公司 6 座污水处理厂实现再生水回用，其余 29 座均未实现再生水回用。从分布上看，已实现再生水利用污水处理厂多分布于芝罘区、开发区、莱州市、蓬莱市、招远市，而其他县（区、市）污水处理厂还未实现再生水利用。

（2）再生水回用率较低

已实现再生水回用污水处理厂中，芝罘区烟台碧海水务有限公司（烟台南郊污水处理厂）和招远市桑德水务有限公司 2 座污水处理厂回用率达到 100％，而其他 4 座污水处理厂回用率不高，分别为 10.99％、10.07％、5.88％、2.14％，距离政府目标仍存在一定差距。

由于我国污水处理厂排放标准与地表水环境质量标准存在一定差距，河流作为城市污水处理厂出水的受纳水体，可利用其自净能力对于尾水进一步净化。但在烟台市城市化加快及城市河流地表水径流量不足的现状下，若只考虑河流的自净能力净化尾水势必会造成河流生境缺损及生态退化，使河流自净能力变差，城市河流污染严重。因此，需对城市污水处理厂尾水进行二次净化后方可作为再生水排入河道，保障河道生态基流或用于城市工业、市政和景观等用水。

5.1.2.2　海水淡化

烟台市现已建成企业海水淡化厂 4 座，长岛、崆峒岛居民海水淡化厂设计运行能力分别为 4 045、550 t/d。根据《中共烟台市委海洋发展委员会 2020 年工作要点》，烟台市将在沿海工业园区加快推进海阳核电 30 万 t/d、龙口裕龙岛 12.5 万 t/d、万华化学 15 万 t/d、莱州华电 10 万 t/d、蓬莱中核 10 万 t/d 5 个大型海水淡化项目，打造大规模海水淡化产业基地。各海水淡化厂位置见附图 1，以上厂区大多采用膜法，即反渗透淡化工艺进行海水淡化处理。

反渗透淡化工艺具有极高的脱盐率，同时，反渗透膜对糖类、氨基酸、细菌等也具有截留作用。参考《生活饮用水卫生标准》（GB 5749－2006）对淡化海水进行水质评价，除硼超标外，其余指标均符合标准，其中感官性状指标优于当地水库水。同时，苯、苯乙烯及丙烷等与反渗透膜材料老化、合成不完全等相关指标也在检出限以下。但鉴于目前海水淡化工艺的局限和技术瓶颈，反渗透过程对物质并无选择性，淡化后水中某些离子的去除或保留程度尚未达到理想水平。此外，反渗透后的出厂水硬度普遍偏低，在脱盐过程中，对人体有益矿物质元素，尤其是二价离子的脱除率极高，如钙、镁和氯化物等的脱除率通常超过 95％，因此需要对淡化海水进行后处理。

淡化海水的后处理,主要是调节淡化海水 pH、矿物质含量的均衡性与提高水质稳定性,主要有淡化海水与其他原水掺混、石灰法、石灰石溶解法以及投加化学制剂 4 种方法。其中越来越多地采用与其他水源混合的方式来对淡化海水进行后处理,用于混合的原水质量对混合水水质尤为重要。①与自来水掺混:将自来水直接与淡化海水按照 1∶1～5∶1 的比例掺混,掺混后的成品水 pH 改变并不明显,水质稳定性依然处于低水平状态,具有较强溶解性。②与海水掺混:以海水原水作为掺混水源时,在考虑口感等情况下,混合比例通常不超过 1%,此时钙含量增加 4～5 mg/L,镁增加 12～17 mg/L;将淡化海水与部分处理后的海水进行掺混时,后者水量可以从小于 1%到 10%变化,同时钠、钾、氯化物和其他盐类含量也相应增加。③与地表水或地下水掺混:将未处理过的地下水或地表水与淡化海水混合时,采用 3∶1～5∶1 的比例能较好满足水质稳定性,实验室模拟配水实验结果显示淡水与淡化海水掺混比为 3∶1～3.5∶1 时,水浊度及配水管材铁释放率较小,水质较好。在实际情况中,由于地表水水质受季节温度的变化影响,采用淡水与淡化海水单纯混合的方式无法保证全年水质均处于稳定状态,可以考虑对淡化海水进行前期矿化后再与淡水按一定比例混合,以改善其稳定性,同时,掺混后的成品水应关注微生物污染风险,进一步保障进入管网后的水质安全。

此外,为了有效保障主要河道的生态基流,将尚未进行后处理的淡化海水与污水处理厂的中水同时排放到相应湿地。在完成水质提升的同时满足湿地恢复的水量,并且避免了对地下水库水源地的污染。在水质净化完成后,可利用泵站将水从湿地泵送至相应断面,维持生态基流。

5.1.2.3　外调水

烟台市外调水工程主要为胶东调水工程和黄水东调工程,设计年可调引客水 23 350 万 m³。供水目标以城市生活与工业用水为主,兼顾生态及高效农业用水。

胶东调水工程是国家南水北调东线工程的重要组成部分,始于滨州市打渔张引黄闸,止于威海市米山水库,途经滨州、东营、潍坊、烟台、威海、青岛 6 市,利用部分引黄济青输水线路,在宋庄分水闸处与其分离。工程设计年调水量 1.43 亿 m³,供水范围涉及烟台、威海、青岛 3 市。途经烟台市莱州、招远、龙口、蓬莱、栖霞、福山、莱山、高新区和牟平区 9 个市、区,境内长 278 km。烟台南水北调配套工程包括烟台市区以及莱州、龙口、招远、蓬莱、栖霞 6 个供水单元,设计年调水量 9 650 万 m³。2012 年下半年,各供水单元工程陆续开工建设,目前均已完成并于 2015 年通水。

黄水东调工程由曹店引黄闸、麻湾引黄闸引水,输水至广南水库沉沙池,沉沙、调蓄、二次加压后输水至宋庄控制工程与胶东调水工程连通。工程设计年供水量 3.15 亿 m³,向青岛、烟台、威海 3 市供水。黄水东调工程于 2019 年 7 月全线贯通,工程已具备设计调水能力 15 m³/s。目前正在与胶东调水工程联合运行,实施向烟台、威海两地应急调水。

外调水工程建设作为烟台市城市发展建设的重要一环,是烟台市未来发展不可或缺的基础性资源。

5.1.3 人工湿地建设

我国污水处理厂排放标准与地表水环境质量标准存在一定差距,污水处理厂尾水作为补水水源直接排放至河道,将严重破坏城市河道生态系统。因此,建议将尾水经人工湿地二次净化后排入河道,保障其生态基流或用于其他用途。

近年来,人工湿地作为一种绿色环保型生态系统而备受关注。湿地是位于陆生生态系统和水生生态系统之间的过渡性地带,泛指暂时或长期覆盖水深不超过 2 m 的低地、土壤充水较多的草甸以及低潮时水深不过 6 m 的沿海地区,包括各种咸水淡水沼泽地、湿草甸、湖泊、河流以及泛洪平原、河口三角洲、泥炭地或漫滩等。湿地的研究活动则往往采用狭义定义,即陆地和水域的交汇处,水位接近或处于地表面,或有浅层积水,至少有以下一至几个特征:

(1) 至少周期性地以水生植物为植物优势种。

(2) 底层土主要是湿土。

(3) 在每年的生长季节,底层有时被水淹没。

人工湿地是一个综合的生态系统,它应用生态系统中物种共生、物质循环再生原理,结构与功能协调原则,在促进废水中污染物质良性循环的前提下,充分发挥资源的生产潜力,防止环境的再污染,获得污水处理与资源化的最佳效益。

5.1.3.1 水质净化原理

人工湿地用人工筑成水池或沟槽,底面铺设防渗漏隔水层,填充一定深度的土壤或填料层,种植芦苇一类的维管束植物或根系发达的水生植物,污水由湿地的一端通过布水管渠进入,以推流方式与布满生物膜的介质表面和溶解氧进行充分的植物根区接触而获得净化。

污水进入湿地系统,污水中的固体颗粒与基质颗粒之间会发生作用,水流中的固体颗粒直接碰到基质颗粒表面被拦截。水中颗粒迁移到基质颗粒表面时,在范德华力和静电力以及某些化学键和某些特殊的化学吸附力作用下,被黏附于基质颗粒上,也可能因为存在絮凝颗粒的架桥作用而被吸附。此外,由于湿地床体长时间处于浸水状态,床体很多区域内基质形成土壤胶体,土壤胶体本身具有极大的吸附性能,也能够截留和吸附进水中的悬浮颗粒。

对污染物的去除:固体在湿地中重力沉降去除;通过颗粒间相互引力作用及植物根系的阻截作用使可沉降及可絮凝固体被阻截而去除;利用悬浮的底泥和寄生于植物上的细菌的代谢作用将悬浮物、胶体、可溶性固体分解成无机物;通过生物硝化-反硝化作用去除氮;部分微量元素被微生物、植物利用氧化并经阻截或结合而被去除;细菌和病毒处于不适宜环境中会引起自然衰败及死亡,利用植物对有机物的吸收而去除;植物根系分泌物对大肠杆菌和病原体有灭活作用,相当数量的氮和磷能被植物吸收而去除;多年生沼泽生植物,每年收割一次,可将氮、磷吸收、合成后分移出人工湿地系统。

5.1.3.2 水质净化能力

由于污水处理厂再生水水质较差,应排入适宜湿地进行水质净化后再排入河道,补充生态基流。为实现这一目标,需要对各典型流域湿地的占地面积和净化能力进行设定。

孔令为等人在"浙江省城镇污水处理厂尾水人工湿地深度提标研究"中表明,采用人工湿地技术(以潜流式人工湿地为例)将城镇污水处理厂尾水水质从《城镇污水处理厂污染物排放标准》(GB 18918—2002)一级 A 标准提升到地表水 V 类～Ⅲ类标准,所需占地指标为 $1.0\sim5.0$ $m^3/(m^3 \cdot d^{-1})$,如城镇污水处理厂尾水要达到或接近地表水环境质量标准的Ⅳ类水体,所需占地指标估算为 3.0 $m^2/(m^3 \cdot d^{-1})$,即处理规模 1 万 m^3/d,使得一级 A 类再生水提高至Ⅳ类水标准,至少需要 45 亩湿地面积。

本次生态基流保障方案综合考虑烟台市经济发展现状、水环境分区、污水处理能力和再生水利用潜力等因素,建议将污水处理厂尾水经湿地净化后排入河道指定位置,以此保障河道内生态基流。

结合烟台市河流水系格局和海城交融的城市格局,湿地建设主要包括河流入海口生态保护湿地、城市河道景观湿地、支流河口自然湿地和水源地保护涵养湿地 4 大类。结合入海口整治工程,建设鱼鸟河、沁水河、三八河、汉河等河流入海口湿地;结合城市景观,建设宫家岛、黄金河湿地岛等城市景观湿地;结合小流域综合治理,建设东珠岩、铺拉河河口生态湿地;结合饮用水水源地,建设门楼水库、高陵水库、桃园水库、龙泉水库、瓦善水库等重点水源地保护涵养湿地。

5.1.4 闸坝优化利用

本研究考虑各橡胶坝不同高度在同一河道内的组合情况,并利用水库闸坝优化利用模型和水文水动力模型模拟生态补水时,河道内闸坝最佳工况组合,使得河道内满足生态需水量时,控制河段内坝址断面水深最高。

5.2 大沽夹河流域

5.2.1 生态基流保障现状

根据第4.3节分析可知大沽夹河流域内现有水文站3处,根据各水文站多年实测径流量与大沽夹河生态基流量进行比较分析可得大沽夹河流域现状生态基流保障程度,见表5-1。

表5-1 大沽夹河流域现状生态基流保障程度

水文站	多年平均保障天数(d)			多年平均保障程度(%)		
	汛期	非汛期	全年	汛期	非汛期	全年
福山站	13.63	0.00	13.63	11	0	4
臧格庄站	100.00	239.25	339.25	82	98	93
门楼水库站	20.25	36.75	57	17	15	16

由表5-1可知,大沽夹河流域臧格庄水文站的全年天数保障程度达到了93%,门楼水库站为16%,福山站仅有4%。门楼水库是烟台市市区的供水水源,除汛期外,基本不放水,因此门楼水库站的保障程度较低,而臧格庄水文站位于门楼水库上游,不受门楼水库调蓄影响,更接近天然径流情况,在一定程度受人为影响较小,因此有较高的保障程度。福山水文站的保障程度较低是因为大沽夹河干流福山上游段共有7座橡胶坝拦蓄上游来水,加之近年来烟台市多年干旱,降雨较少,致使福山站全年均很难会有较高的流量以满足生态需水。

综上所述,大沽夹河流域除了臧格庄水文站保障程度较高,其他两个站均不能满足很高的保障程度,尤其是福山站和门楼水库站。福山站上游建设多座橡胶坝拦蓄上游来水,造成下游河道生态需水量保障程度较低,因此需要合理的橡胶坝联合调度方案以保证下游河道的生态需水量;门楼水库为市区的供水水源,现状没有稳定的生态下泄水量。

5.2.2　生态流量及补水量

由于汛期来水情况复杂多变,难以确定河道内流量状态,设定汛期结束时河道水量满足 10 月份生态需水要求,从 10 月份之后开始计算河道生态补水量,计算时需考虑河道下渗及蒸发损失。本研究通过流域内门楼水库多年平均蒸发值推算大沽夹河流域蒸发量(见表 5-2),并根据福山水文站资料,构建降雨-径流模型推算大沽夹河流域河道下渗水量,在此基础上计算逐月生态补水量,各控制河段逐月生态补水量见表 5-3。

表 5-2　大沽夹河流域逐月平均蒸发量

月份	平均蒸发量(mm)
1 月	18.4
2 月	25.0
3 月	73.4
4 月	121.7
5 月	143.9
6 月	135.8
7 月	111.7
8 月	104.9
9 月	97.3
10 月	76.7
11 月	46.5
12 月	21.7

表 5-3　大沽夹河各控制河段逐月生态补水量

单位:万 m³

月份	门楼水库至永福园橡胶坝		老岚水库至大沙埠橡胶坝		宫家岛橡胶坝至入海口	
	生态水量	生态补水量	生态水量	生态补水量	生态水量	生态补水量
10 月	25.88	40.77	55.80	61.10	7.92	18.98
11 月	15.65	24.72	34.18	37.05	4.79	11.51
12 月	11.92	12.66	23.80	18.97	3.65	5.89

月份	门楼水库至永福园橡胶坝		老岚水库至大沙埠橡胶坝		宫家岛橡胶坝至入海口	
	生态水量	生态补水量	生态水量	生态补水量	生态水量	生态补水量
1月	9.89	11.8	20.43	17.69	3.03	5.50
2月	8.94	14.9	18.94	22.34	2.74	6.94
3月	11.62	40.08	24.17	59.06	3.56	17.98
4月	11.33	53.66	23.45	80.14	3.47	24.81
5月	13.27	62.8	25.71	94.48	4.06	29.33
6月	24.41	81.62	53.05	114.88	7.47	33.80
合计	132.91	343.01	279.53	505.71	40.69	154.74

根据大沽夹河流域控制河段情况确定生态基流控制断面为福山区红旗西路桥新夹河大桥国控断面,并根据第三章生态水量计算结果推求控制断面生态流量,大沽夹河生态基流控制断面逐月生态流量详情见表5-4。

表5-4 新夹河大桥国控断面逐月生态流量

月份	生态流量(m³/s)
1月	0.349 9
2月	0.035 0
3月	0.411 2
4月	0.414 5
5月	0.469 8
6月	0.892 7
10月	0.915 8
11月	0.572 1
12月	0.421 8

根据《烟台市水功能区划》报告,大沽夹河流域水功能区划见图5-3。

结合大沽夹河流域水功能区划,确定各控制河段水功能分区及水质目标要求见表5-5。

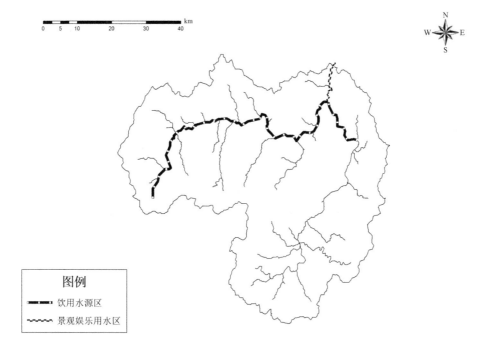

图 5-3　大沽夹河流域水功能区划图

表 5-5　大沽夹河各控制河段水功能分区及水质目标

控制河段	水功能区名称	水功能区划依据	水质目标
门楼水库至 永福园橡胶坝	内夹河烟台市区饮用水源区	烟台市区饮用、工业、农业用水	Ⅲ
老岚水库至 大沙埠橡胶坝	外夹河烟台市区饮用水源区	烟台市区饮用、工业、农业用水水源地	Ⅲ
宫家岛橡胶坝 至入海口	外夹河烟台景观娱乐用水区	景观娱乐用水	Ⅳ

5.2.3　生态水量保障工程

5.2.3.1　河道水利工程

（1）现状水利工程

大沽夹河流域目前共建有各类水库 179 座，其中大（2）型水库 1 座，中型水库 2 座，小（1）型水库 25 座，小（2）型水库 151 座，总控制流域面积为 1 669.3 km²，总库容为 4.258 亿 m³。建有永福园地下水库和宫家岛地下水库共 2 座。

门楼水库是一座集城市供水、防洪等功能综合运用的大（2）型水库，水库控制流域面积为 1 079 km²，防洪标准为 100 年一遇设计，10 000 年一遇校核，总库容为 2.44 亿 m³，兴利库容为 1.264 亿 m³。

桃园水库是一座集防洪、农业灌溉、水产养殖等功能综合运用的多年调节中型水库，控制流域面积为 64 km²，防洪标准为 50 年一遇设计，1 000 年一遇校核，总库容为 1 235.9 万 m³，兴利库容为 503 万 m³。

庵里水库是一座集防洪、城市供水、农业灌溉、发电、水产养殖等功能综合运用的多年调节中型水库，控制流域面积为 150 km²，总库容为 7 603 万 m³，兴利库容为 3 810 万 m³，防洪标准为 100 年一遇设计，2 000 年一遇校核。

烟台市永福园地下水库建成于 2001 年 8 月，坝址西起福山区朱家山经永福园至芝罘区宫家岛，总坝长 2 509 m，平均坝深为 14.95 m。地下水库回水面积为 63.26 km²，回水范围内夹河到门楼水库坝下，外夹河到福山区回里旺远河段。总库容为 2.05 亿 m³，设计调节库容为 6 500 万 m³。永福园地下水库库区内烟台市自来水公司建有东陌堂、河滨、西牟、宫家岛水厂；莱山区清泉供水公司建有四水厂；福山区建有芝阳水厂、留公水厂。永福园地下水库成为市区城市供水重要的水源地。

大沽夹河流域内自 20 世纪 80 年代至今共建有各类拦河闸坝 83 座，其中大沽夹河干流 17 座，清洋河干流 51 座，山东河 10 座，大庄河 5 座。按类型分类，橡胶坝 17 座，拦河闸 33 座，其余均为拦河溢流堰。本研究中大沽夹河流域主要闸坝信息见表 5-6。

表 5-6　大沽夹河流域主要闸坝信息

闸坝名称	所在河流	坝高（m）	坝长（m）	坝顶高程（m）
宫家岛橡胶坝	大沽夹河	2.50	195.00	2.50
大沙埠橡胶坝	大沽夹河	3.50	192.98	5.10
玉树庄橡胶坝	大沽夹河	3.00	133.00	6.80
诸嘉橡胶坝	大沽夹河	2.80	156.00	8.40
珠岩橡胶坝	大沽夹河	3.70	170.33	12.20
陌堂橡胶坝	大沽夹河	3.00	132.00	13.60
旺远橡胶坝	大沽夹河	3.50	183.60	15.00
道平橡胶坝	大沽夹河	3.70	159.70	19.20
回里橡胶坝	大沽夹河	5.00	161.00	26.00

闸坝名称	所在河流	坝高(m)	坝长(m)	坝顶高程(m)
塔寺庄橡胶坝	清洋河	2.50	160.00	10.00
两甲橡胶坝	清洋河	2.50	150.00	10.00
曾家庄橡胶坝	清洋河	2.50	140.00	10.00
东关橡胶坝	清洋河	2.50	140.00	11.00
永福园橡胶坝	清洋河	2.50	188.00	12.00

（2）规划水利工程

大沽夹河流域现规划水利工程为新建老岚水库工程、东回里橡胶坝工程、陌堂橡胶坝除险加固工程、桃园水库增容工程。

新建老岚水库位于烟台市福山区境内大沽夹河流域支流外夹河中游，老岚村南 1.2 km 处，距烟台市城区中心约 20 km。控制流域面积为 624 km²，水库总库容为 1.58 亿 m³，属大（2）型工程。水库正常蓄水位为 44.80 m，对应库容为 9 004 万 m³；死水位为 34.00 m，死库容为 513 万 m³，兴利库容为 8 491 万 m³。汛限水位为 44.80 m，防洪高水位为 45.64 m，设计洪水位为 46.27 m，校核洪水位为 48.35 m。工程建设任务以城市供水、防洪为主，兼顾灌溉，建成后可提高当地的用水保障能力，并可为改善下游生态环境创造条件。

东回里橡胶坝工程等别为Ⅳ等，主要建筑物级别为 3 级，次要建筑物级别为 4 级，临时性建筑物级别为 5 级。设计洪水标准为 30 年一遇，校核洪水标准为 50 年一遇。橡胶坝设计为单孔斜坡式充水坝，单向挡水，设计坝高为 4.5 m，橡胶坝底宽为 152.0 m，顶宽为 177.0 m，设计底板高程为 17.70 m，设计坝顶高程为 22.20 m。C25 钢筋混凝土底板顺水流向长 15.50 m，厚 0.8 m。消力池为 C25 钢筋混凝土结构，总长 29.50 m，厚 0.5～0.6 m。海漫总长 20.0 m，C25 钢筋混凝土结构，厚 0.3 m，设计坡降为 0.027 5，海漫末端设 C25 钢筋混凝土灌注桩。防冲槽采用抛大块石结构，梯形断面，顶高程为 15.50 m，底高程为 13.50 m，顺水流方向长 10.0 m，深 2.0 m。坝袋充水水源主要取自河道水，铺盖上游设进水口竖井及集水廊道，通过潜水泵扬水至坝袋，设两台水泵，流量为 500 m³/h，扬程为 12 m，功率为 22 kW，充水时间为 5.7 h。排水系统设自排与强排两种型式。强排采用两台管道泵，一用一备，单泵流量为 1 400 m³/h，扬程为 10.0 m，功率为 55 kW。橡胶坝主体工程上、下游河道两岸（铺盖以上 100 m，防冲槽以下 420 m）进行整治，设计河底整平、两岸护砌。工程建成后可新增供水能力 265 万 m³。

陌堂橡胶坝除险加固工程工程等别为Ⅲ等,主要建筑物级别为 3 级,临时建筑物级别为 5 级。橡胶坝设计洪水标准和校核洪水标准均为 50 年一遇。相应闸上水位为 14.89 m,闸下水位为 14.82 m。抗震设计烈度为 7 度,橡胶坝混凝土结构合理使用年限 50 年。

桃园水库增容工程拟将水库兴利水位由 79.82 m 提高至 82.50 m,工程主要建设内容为新建溢洪闸和库区抬田等工程。新建溢洪闸为 C25 钢筋混凝土结构,共 5 孔,单孔宽 9.0 m,总净宽 45.0 m,中墩宽 1.25 m,总宽 50.0 m,闸墩顶设机架桥及启闭机房,设工作闸门和检修闸门,边墩外两侧设桥头堡,闸墩顶下游侧改建交通桥。闸室上游设 C25 钢筋混凝土铺盖及扶壁式翼墙,闸室下游两岸拆除现状钢筋混凝土陡坡护底及两岸原浆砌石翼墙拆除改建,长 15.0 m,下游末端陡坡护底及挑流消能工维持现状不变,两岸翼墙接高处理。库区抬田共分 3 个地块,地块一为基本农田,面积为 8 685 m²;地块二为耕地和林地,面积为 54 783 m²,其中基本农田面积为 33 674 m²;地块三为耕地,面积为 19 179 m²。抬田地块临水侧新建 M10 浆砌块石岸墙,墙高 1.5~4.0 m,长 1 300 m,地面抬高至 83.50 m。桃园水库增容工程实施后,可增加兴利库容 255 万 m³,在保证农业灌溉面积 1.7 万亩的情况下,可新增供水量 578 万 m³。增容后水库主体工程是安全的,水量是可靠的,设计防洪标准下对上下游防洪安全基本没有影响。

5.2.3.2 外调水工程

大沽夹河流域目前设有门楼水库分水口,调蓄水库为门楼水库,年调水指标中黄河水为 5 200 万 m³,长江水为 3 650 万 m³,门楼水库历年调水量见表 5-7。

表 5-7 门楼水库历年调水量

年份	2015 年	2016 年	2017 年	2018 年	多年平均
调水量 (万 m³)	485.46	4 613	79.98	5 297.45	2 618.97

由表 5-7 可知,门楼水库多年平均调水量为 2 618.97 万 m³,而门楼水库外调水指标为 8 850 万 m³,多年平均调水量仅为 29.59%,由此可见外调水作为大沽夹河流域重要水源之一仍存在较大开发利用潜力,可充分提高流域内生活、生产、生态用水的保障能力。

5.2.3.3 海水淡化工程

烟台市现有海水淡化设施共 7 处,流域内无海水淡化厂,距离大沽夹河流域较近海水淡化设施为华能热电烟台八角电厂,设计运行能力为 1.8 万 t/d,实际运行能力为 1.2 万 t/d。规划建设万华化学海水淡化厂,设计运行能力为 15 万 t/d。

5.2.3.4 再生水利用工程

据统计,大沽夹河流域内现运行污水处理厂有 5 处,分别为烟台碧海水务有限公司(南郊污水处理厂)、套子湾污水处理厂、桃村镇污水处理厂、栖霞市污水处理厂、栖霞中桥污水处理厂。各污水处理厂位置见图 5-4,设计处理能力为 45 万 t/d,实际污水处理量为 39.25 万 t/d,总再生水产量为 4.77 万 t/d,再生水利用率仅为 12.15%。这表明流域内再生水利用率较低,仍有较大开发潜力。大沽夹河流域污水处理厂运行现状见表 5-8。

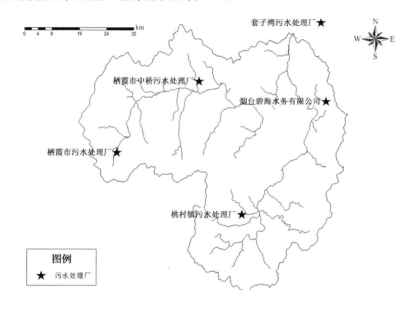

图 5-4 大沽夹河流域污水处理厂

表 5-8 大沽夹河流域污水处理厂运行现状统计表

单位名称	设计处理能力（万 t/d）	实际处理能力（万 t/d）	再生水产量（万 t/d）	再生水利用率（%）
烟台碧海水务有限公司（南郊污水处理厂）	5.00	4.16	4.16	100
套子湾污水处理厂及二期工程	35.00	31.6	0.61	1.93
桃村镇污水处理厂	1.00	0.17	0.00	0
栖霞市污水处理厂	2.00	1.71	0.00	0
栖霞市中桥污水处理厂	2.00	1.64	—	—
合计	45.00	39.25	4.77	12.15

5.2.4 生态基流保障方案及保障程度分析

大沽夹河流域现状生态基流难以保障,河道多处断流,严重影响市容市貌,为修复河道生态环境,保障河道生态基流要求,需向河道补充生态用水。

结合大沽夹河流域水功能区划要求,本研究中大沽夹河控制河段主要涉及外夹河烟台市区饮用水源区、外夹河烟台景观娱乐用水区、内夹河烟台市区饮用水源区,由于不同分区水功能不同,对于水质要求不同,需采取不同补水方案并配合闸坝优化利用以保障不同控制河段生态基流。丰水年内夹河可采用增大门楼水库泄洪量并配合下游拦河闸坝蓄水以保障生态基流,外夹河可增大老岚水库泄洪量并配合下游拦河闸坝蓄水以保障生态基流。枯水年时则采取下述生态补水方案补充河道生态用水。

5.2.4.1 生态补水方案

(1) 门楼水库至永福园橡胶坝补水方案

门楼水库至永福园橡胶坝段为内夹河烟台市区饮用水源区,水质目标为Ⅲ类水,共需补水量 343.01 万 m^3,不宜采用污水处理厂尾水净化后补充河道生态用水,同时距河道最近的海水淡化厂为烟台八角电厂海水淡化厂,距河道直线距离为 27.52 km,距离较远,采用淡化海水补充河道生态用水输水成本较高。结合河道水利工程建设现状及用水现状,宜在门楼水库分水口处增加外调水分水量 343.01 万 m^3,补充流域内生活及生产用水,置换部分水源用于保障河道生态用水。

(2) 老岚水库至大沙埠橡胶坝补水方案

老岚水库至大沙埠橡胶坝段为外夹河烟台市区饮用水源区,水质目标为Ⅲ类水,共需补水量 505.71 万 m^3,不宜采用污水处理厂尾水净化后补充河道生态用水,同时距河道最近的海水淡化厂为烟台八角电厂海水淡化厂,距河道直线距离为 46.55 km,距离较远,采用淡化海水补充河道生态用水输水成本较高。结合河道水利工程建设现状、规划及用水现状,补水方案分期实施,近期以现有 9 座梯级拦河闸坝联合调度,保障生态需水要求,老岚水库建成后可新增供水能力 4 600 万 m^3,同时老岚水库设计下泄生态流量为 0.41 m^3/s,采用老岚水库放水及梯级拦河闸坝联合调度方式保障控制河段内生态需水要求。

(3) 宫家岛橡胶坝至入海口补水方案

宫家岛橡胶坝至入海口段为外夹河烟台景观娱乐用水区,水质目标为Ⅳ类水,共需补水量 154.74 万 m^3,此处为地下水库下游段,且非城市用水水源地,可采用污水处理厂尾水经湿地净化后补充河道生态用水。经分析,可供利用的再生水包括南郊污水处理厂再生水和套子湾污水处理厂再生水。但由于宫家岛橡胶坝下游没有拦河闸坝,水量无法拦蓄,因此应在入海口处酌情修建拦河闸坝用以拦蓄水量。

① 套子湾污水处理厂再生水。为满足烟台发电厂对再生水的需求,2018年改建完成套子湾污水处理厂向烟台发电厂的再生水管道。套子湾污水处理厂至发电厂再生水管道全长 8.2 km,日用水量约为 1.5 万 t/d。而烟台发电厂紧临大沽夹河下游,利用再生水条件成熟,需要建设的工程少。因此,可利用套子湾污水处理厂和烟台发电厂再生水利用工程向大沽夹河下游河段补水。

② 南郊污水处理厂补源工程。由于南郊污水处理厂收集有莱山镇工业园及黄务工业区废水,作为河道补水存在一定风险,通过收水管网改造将南郊污水处理厂收集的工业废水和生活污水分离,新建 2 万 m³/d 南郊工业再生水厂工程处理工业废水,确保工业废水处理可以稳定达标。对现有 5 万 m³/d 污水厂进行提标改造,并经尾水湿地净化至地表Ⅳ类水后输送至宫家岛橡胶坝断面下游处(此处为地下水库下游),用以保障河道生态用水。

根据《烟台市大沽夹河新夹河大桥断面水质达标综合治理方案》,新建补水工程主要包含收水管网改造工程、新建南郊工业再生水厂工程、人工湿地工程、中水管线工程。再生水补水工程布局见图 5-5。

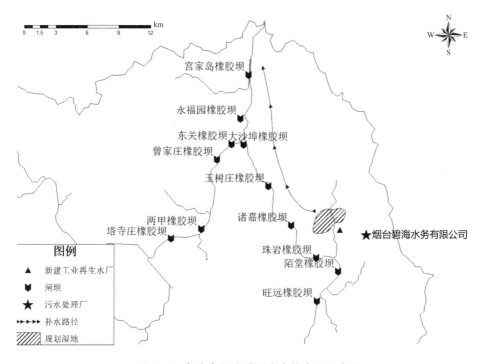

图 5-5　大沽夹河流域再生水补水工程布局

通过收水管网改造将南郊污水处理厂收集的工业废水和生活污水分离,新建1座2万 m³/d 的南郊工业再生水厂,选址于现状南郊污水厂东北侧、南车门村东侧、烟台南站南路北侧,净化处理莱山镇工业园区及黄务工业区废水。在南郊污水厂西侧建设人工湿地处理工程,处理规模为 5 万 m³/d,建设面积为 225亩,将南郊污水处理厂尾水水质由一级 A 类提升为地表水 Ⅳ 类标准。之后拟将现状南郊污水厂尾水压力管改造为中水管线(改造长度为 4 km,管径 DN800),沿外夹河右岸将湿地出水输送至宫家岛橡胶坝下游,输水流量为 0.1 m³/s,补充河道生态用水。

5.2.4.2 闸坝优化利用

本研究生态流量控制方案分析范围为:外夹河自老岚水库坝址断面以下至大沙埠橡胶坝;内夹河自门楼水库以下至宫家岛橡胶坝。所以,本次分析闸坝优化只考虑外夹河的宫家岛橡胶坝、大沙埠橡胶坝、玉树庄橡胶坝、诸嘉橡胶坝、珠岩橡胶坝、陌堂橡胶坝、旺远橡胶坝、道平拦河闸、回里橡胶坝;内夹河下游的永福园橡胶坝、东关橡胶坝、曾家庄橡胶坝、两甲橡胶坝、塔寺庄橡胶坝。各闸坝位置见图 5-6。

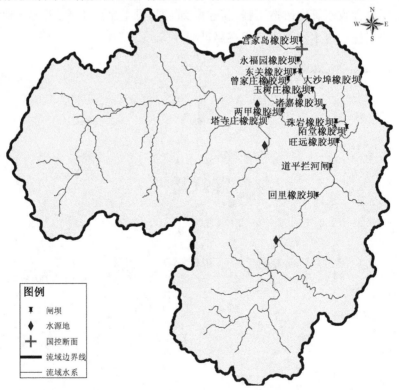

图 5-6　大沽夹河流域主要工程位置图

本研究考虑各橡胶坝不同高度在同一河道内的组合情况，并利用水库闸坝优化利用模型和水文水动力模型模拟生态补水时，河道内闸坝最佳工况组合，使得河道内满足生态需水量时，控制河段内坝址断面水深最高。控制河道内闸坝最优高度见表5-9、表5-10。

表5-9　外夹河干流各月闸坝最优高度

单位：m

闸坝	月份								
	10月	11月	12月	1月	2月	3月	4月	5月	6月
回里	1.38	1.08	0.90	0.84	0.80	0.91	0.93	0.94	1.35
道平	1.13	0.88	0.74	0.68	0.66	0.74	0.76	0.77	1.10
旺远	0.93	0.73	0.61	0.56	0.54	0.61	0.63	0.63	0.91
陌堂	0.76	0.60	0.50	0.46	0.45	0.50	0.52	0.52	0.74
珠岩	0.70	0.55	0.46	0.43	0.41	0.46	0.48	0.48	0.69
诸嘉	1.04	0.82	0.68	0.63	0.61	0.69	0.71	0.71	1.02
玉树庄	0.94	0.73	0.61	0.57	0.55	0.62	0.63	0.64	0.92
大沙埠	0.88	0.69	0.57	0.53	0.51	0.58	0.59	0.60	0.86
宫家岛	2.50	2.50	2.50	2.50	2.50	2.50	2.50	2.50	2.50

表5-10　内夹河各月闸坝最优高度

单位：m

闸坝	月份								
	10月	11月	12月	1月	2月	3月	4月	5月	6月
塔寺庄	0.83	0.65	0.54	0.50	0.48	0.55	0.56	0.56	0.81
两甲	1.22	0.96	0.80	0.74	0.71	0.81	0.83	0.83	1.19
曾家庄	0.67	0.52	0.44	0.40	0.39	0.44	0.45	0.45	0.65
东关	0.73	0.57	0.47	0.44	0.42	0.48	0.49	0.49	0.71
永福园	1.25	0.98	0.82	0.76	0.73	0.82	0.84	0.85	1.22

5.2.4.3　方案保障程度分析

本研究中大沽夹河流域生态基流保障方案分3个控制河段进行分析，各控制河段详情见表5-11。

表 5-11 大沽夹河各控制河段详细情况

控制河段	水质目标	河段长度(km)	控制河段长度占比
门楼水库至永福园橡胶坝	Ⅲ	13.80	10.55%
老岚水库至大沙埠橡胶坝	Ⅲ	35.12	28.57%
宫家岛橡胶坝至入海口	Ⅳ	4.35	3.23%
合计	/	53.27	42.35%

由表 5-11 可知,通过本研究中大沽夹河流域生态基流保障方案可保障大沽夹河 42.35% 的河段生态基流,共计 53.27 km。

5.3 五龙河流域

5.3.1 生态基流保障现状

根据 4.3 节分析可知,五龙河流域内现有水文站 2 处,根据各水文站多年实测径流量与五龙河生态基流量进行比较分析,可得五龙河流域现状生态基流保障程度,见表 5-12。

表 5-12 五龙河流域现状生态基流保障程度

水文站	多年平均保障天数(d)			多年平均保障程度(%)		
	汛期	非汛期	全年	汛期	非汛期	全年
团旺站	83.00	215.75	300.75	68	90	82
沐浴水库站	16.38	13.50	29.88	13	6	8

由表 5-12 可知,五龙河流域团旺水文站的全年天数保障程度达到了 82%,沐浴水库站仅为 8%。沐浴水库是莱阳市的供水水源,除汛期外,基本不放水,因此沐浴水库站的保障程度较低;而团旺水文站位于五龙河流域中下游,五龙河干流无水库调蓄作用,拦河闸坝相对较少,更接近天然径流情况,在一定程度上受人为影响较小,除此之外,五龙河流域的污水处理厂通过五龙河排放尾水,因此有较高的保障程度,但水质较差,难以满足水功能区划的水质目标。

综上所述,五龙河流域团旺水文站保障程度较高,而沐浴水库站保障程度较低,虽然五龙河流域中下游有较高的保障程度,但水质难以达标,因此需要合理的橡胶坝联合调度方案以保证下游河道的生态需水量以及满足河道水质目标。

沐浴水库为莱阳市的供水水源,现状没有稳定的生态下泄水量。

5.3.2 生态流量及补水量

由于汛期来水情况复杂多变,难以确定河道内流量状态,设定汛期结束时河道水量满足 10 月份生态需水要求,从 10 月份之后开始计算河道生态补水量,计算时需考虑河道下渗及蒸发损失。由于目前缺乏五龙河流域内水文站蒸散发资料,本研究根据邻近原则采用邻近水文站海阳站多年平均蒸发值推算五龙河流域蒸发量见表 5-13,并根据团旺水文站资料,构建降雨-径流模型推算五龙河流域河道下渗水量,并在此基础上计算逐月生态补水量,控制河段逐月生态补水量见表 5-14。

表 5-13 五龙河流域逐月平均蒸发量

月份	平均蒸发量(mm)
1 月	21.7
2 月	27.4
3 月	65.4
4 月	96.5
5 月	115.5
6 月	104.2
7 月	95.6
8 月	100.1
9 月	97.5
10 月	74.9
11 月	45.4
12 月	23.3

表 5-14 五龙河控制河段逐月生态补水量

月份	陶格庄拦河闸至香岛橡胶坝	
	生态水量(万 m³)	生态补水量(万 m³)
10 月	77.33	86.04
11 月	47.55	47.45

月份	陶格庄拦河闸至香岛橡胶坝	
	生态水量(万 m³)	生态补水量(万 m³)
12 月	35.12	21.14
1 月	27.60	18.77
2 月	20.84	27.22
3 月	35.03	83.20
4 月	47.40	129.86
5 月	46.54	156.12
6 月	64.23	154.60
合计	401.64	724.40

　　根据五龙河流域控制河段情况确定生态基流控制断面为莱阳市桥头村桥头国控断面,并根据第三章生态水量计算结果推求控制断面生态流量,五龙河生态基流控制断面逐月生态流量详情见表 5-15。

表 5-15　桥头国控断面逐月生态流量

月份	生态流量(m³/s)
1 月	0.384 9
2 月	0.032 2
3 月	0.488 6
4 月	0.683 2
5 月	0.649 2
6 月	0.925 7
10 月	1.078 6
11 月	0.685 3
12 月	0.489 9

　　根据《烟台市水功能区划》报告,五龙河流域水功能区划见图 5-7。

　　结合五龙河流域水功能区划,确定控制河段水功能分区及水质目标要求见表 5-16。

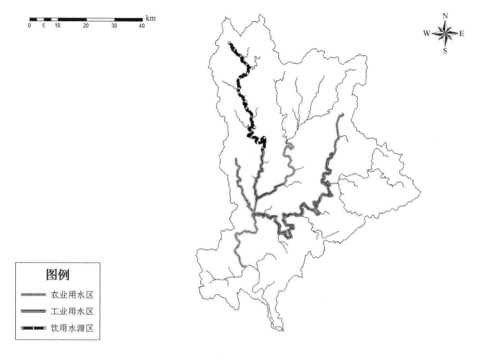

图 5-7　五龙河流域水功能区划图

表 5-16　五龙河控制河段水功能分区及水质目标

控制河段	水功能区名称	水功能区划依据	水质目标
陶格庄拦河闸至入海口	五龙河莱阳农业用水区	农业用水	V

5.3.3　生态水量保障工程

5.3.3.1　河道水利工程

（1）现状水利工程

流域内建有大（2）型水库 1 座,中型水库 3 座,小（1）型水库 29 座,小（2）型水库 170 座,总控制流域面积为 1 096 km²,总库容为 4.04 亿 m³,调洪库容为 3 492 万 m³,兴利库容为 6 622 万 m³,死库容为 954 万 m³。

沐浴水库控制流域面积为 55 km²,总库容 1.894 亿 m³,兴利库容为 1.074 亿 m³,是一座以防洪为主,兼有灌溉、城市供水、发电等功能综合运用的大（2）型水库。

小平水库控制流域面积为 21.0 km²,总库容 1 032.5 万 m³,兴利库容为

668万 m³，是一座集防洪、城镇供水、农业灌溉、渔业养殖等功能综合运用的多年调节型中型水库。

建新水库控制流域面积为 60 km²，总库容为 2 500 万 m³，兴利库容为 855 万 m³，是一座集防洪、灌溉、养殖等功能综合运用的中型水库。

龙门口水库控制流域面积为 116 km²，总库容为 6 761.8 万 m³，兴利库容为 4 130 万 m³，是一座集防洪、城市供水、农业灌溉、养殖等功能综合运用多年调节的中型水库。

五龙河流域 8 条骨干河道上共建有各类拦河闸坝 122 座，其中五龙河干流上 35 座，唐山河 17 座，杨础河 8 座，蚬河 9 座，富水河 33 座，富水河北支 8 座，白龙河 5 座，嵯阳河 7 座。

（2）规划水利工程

五龙河流域现规划水利工程为莱阳市沐浴水库增容工程和莱阳市清水河与沐浴水库雨洪资源调配工程。

莱阳市沐浴水库增容工程主要建设内容包括水库库区清淤，沿水库周边兴利水位建 1.0 m 蓄水墙，总库容 2.1 亿 m³，新增供水能力 1 000 万 m³，充分发挥其防洪、灌溉、供水、养殖等方面的效益，促进当地社会经济的可持续发展。

莱阳市清水河与沐浴水库雨洪资源调配工程位于莱阳市沐浴店镇，工程起点位于沐浴店镇黄崖底村西南清水河干流，终点位于青岚口村西沐浴水库上游。莱阳市清水河与沐浴水库雨洪资源调配工程等别为 Ⅳ 等，工程规模为小型。在莱阳市沐浴店镇黄崖底村西南清水河河道上新建黄崖底橡胶坝，在橡胶坝上游新建黄崖底提水泵站，通过加压泵站及输水管路、隧洞，将黄崖底橡胶坝拦蓄的清水河水源调往沐浴水库，增加水库可供水量。黄崖底泵站设计规模为 20 万 m³/d，多年平均可调水量为 2 006 万 m³，黄崖底泵站至沐浴水库段输水管路、隧洞长 6.8 km。在黄崖底泵站至沐浴水库输水工程管线上设 3 处分水口，分别向鹤山河及其两条支流补水，改善莱阳市河道及地下水生态环境。

5.3.3.2 海水淡化工程

烟台市现有海水淡化设施共 7 处，目前五龙河流域内无海水淡化厂，距离五龙河流域较近海水淡化设施为海阳核电胶东半岛大型淡化海水区域性供应基地，规划 2020 年形成 30 万 t/d 超大规模生产能力，该基地形成的淡化海水，向海阳周边县（市、区）辐射性供给，远景形成 50 万 t/d 乃至更大的产能。

5.3.3.3 再生水利用工程

（1）污水处理厂运行现状

据统计，五龙河流域内现运行污水处理厂 3 处，分别为莱阳市食品工业园污水处理有限公司、莱阳市污水处理厂、莱阳市第二污水处理厂。各污水处理厂位置见图 5-8,总污水处理量为 16.04 万 t/d,总再生水产量为 0。流域内再生水利用有较大开发潜力。五龙河流域污水处理厂运行现状见表 5-17。

图 5-8 五龙河流域污水处理厂

表 5-17 五龙河流域污水处理厂运行现状统计表

序号	单位名称	设计污水处理能力（万 t/d）	污水处理量(万 t/d)			再生水产量（万 t/d）	再生水利用率（%）
			处理生活污水量	处理工业污水量	总计		
1	莱阳市食品工业园污水处理有限公司	3.00	0.22	1.86	2.08	0.00	0
2	莱阳市污水处理厂	10.00	9.02	1.06	10.08	0.00	0
3	莱阳市第二污水处理厂	4.00	1.55	2.33	3.88	0.00	0
合计	—	17.00	10.79	5.25	16.04	0.00	0

（2）水质提标规划工程

根据《五龙河水质提标工程实施方案》，五龙河水质提标工程包括莱阳市污水处理厂扩建工程、第二污水处理厂二期工程、食品工业园污水处理厂扩建工程、城区蚬河湿地工程、五龙河汇涨湿地工程和姜疃湿地工程，总体规划为3+3规划。

莱阳市污水处理厂扩建工程规划新增处理能力为3万t/d，建成后莱阳市污水处理厂日处理能力可达13万t。由于污水处理厂排水标准与地表水标准存在差距，为提高出水水质，实现尾水的深度净化，建设"强化潜流湿地+表流湿地+生态护坡"的强化型湿地处理系统，日处理能力为10万t。该尾水人工湿地位于莱阳市污水处理厂东侧，潜流湿地利用该厂东侧清水河滩涂地，规划面积为150亩，表流湿地利用清水河河道，规划面积为135亩，沿清水河构筑生态护坡3 km。利用莱阳市污水处理厂调水泵站，将污水处理厂东侧潜流湿地出水调入主城区，从旌旗路橡胶坝溢流补充城区河道，使城区形成流动水系，打造水生态景观，恢复城区河道生态基本流量，消除城区缺水问题。调水规模为8万 m³/d。调水管道长7.5 km，沿清水河西侧铺设。

第二污水处理厂二期扩建工程规划的处理能力为2万t/d，扩建后日处理能力可达4万t。新建"强化潜流湿地+表流湿地+生态护坡"强化处理第二污水处理厂尾水，日处理能力为4万t。工程位于第二污水处理厂南侧，潜流湿地利用第二污水处理厂南侧白龙河滩涂地，规划面积为80亩，表流湿地利用白龙河河道，规划面积为204亩，沿白龙河河道构筑生态护坡3.5 km。

食品工业园污水处理厂扩建工程规划的处理能力为1.5万t/d，扩建后食品工业园污水处理厂日处理能力可达3万t。新建"强化潜流湿地+表流湿地"强化处理食品工业园污水处理厂尾水，日处理能力为3万t。工程位于食品工业园污水处理厂南侧，潜流湿地利用食品工业园污水处理厂南侧清水河滩涂地，规划面积为38亩，表流湿地利用清水河河道，规划面积为95亩，沿清水河河道构筑生态护坡2 km。

城区蚬河湿地工程利用蚬河河道建设河道走廊表流湿地，对上游来水进行净化，并达到更好的河道生态修复效果，从而构建南北清水廊道，打造主城区水质洁净、水环境优美的蓝色长河。工程从旌旗路到富山路为一期工程，从富山路到丹崖路为二期工程。

五龙河汇涨湿地工程利用河道建设表流湿地对上游来水进行净化，选用多级表流湿地串联+生物滞留塘+生态岛组合工艺；利用边坡建设生态护坡，截留农业面源污染，同时达到更好的河道生态修复效果。工程全长7 km，北起莱阳市污水处理厂尾水湿地出口，南到谭家夼村下游1 km。

姜疃湿地工程利用河道建设表流湿地对上游来水进行净化,选用多级表流湿地串联＋生态稳定塘＋生态护坡组合工艺,利用边坡建设生态护坡,截留农业面源污染,同时达到更好的河道生态修复效果。工程北到崔疃村,南到前河前村与西大策村交汇处,全长 6.3 km,分为三期工程。从崔疃大桥往上游 100 m 到董格庄大桥往下游 1 000 m 为一期工程,从董格庄大桥往下游 1 000 m 至濯村大桥往下游 700 m 为二期工程,从濯村大桥往下游 700 m 至前河前村与西大策村的交汇处为三期工程。

5.3.4 生态基流保障方案及保障程度分析

五龙河流域现状生态基流难以保障,河道存在断流段,未断流段水质较差,严重影响市容市貌。为修复河道生态环境,保障河道生态基流要求,满足水功能区划的水质目标,结合五龙河流域水功能区划要求,丰水年采用增大沐浴水库泄洪量并配合下游拦河闸坝蓄水以保障生态基流,枯水年时需对污水处理厂尾水进行净化处理排放,并配合闸坝优化利用以保障不同控制河段生态基流。

5.3.4.1 生态补水方案

陶格庄拦河闸至入海口段为五龙河莱阳农业用水区,水质目标为 V 类水,共需补水 724.40 万 m³。由于距河道最近海水淡化厂为海阳核电胶东半岛大型淡化海水区域性供应基地,距河道直线距离为 60.15 km,距离较远,采用淡化海水补充河道生态用水输水成本较高,因此不宜采用淡化海水用作生态用水。

根据规划,沐浴水库扩建工程可新增供水能力 1 000 万 m³,但沐浴水库在干旱年份基本无下泄生态流量。为此,结合河道水利工程建设现状及用水现状、补水水质目标,确定补水方案为:正常年份,可利用沐浴水库下泄洪水作为生态补水;干旱年份,可采用莱阳市污水处理厂、第二污水处理厂和食品工业园污水处理厂 3 处尾水经湿地净化后补充河道生态用水。

根据《莱阳市五龙河流域人工湿地水质净化及生态修复工程可行性研究报告》,莱阳市污水处理厂、第二污水处理厂和食品工业园污水处理厂已进行扩建工程规划,新建莱阳市污水处理厂尾水人工湿地、第二污水处理厂尾水人工湿地和食品工业园污水处理厂尾水湿地工程,日处理能力分别为 10 万、4 万和 3 万 t/d。可将污水处理厂尾水水质由一级 A 类标准经湿地净化至地表 Ⅳ 类水后,将湿地出水经再生水管线输送至陶格庄断面下游处,用以保障河道生态用水。

5.3.4.2 闸坝优化利用

本研究的生态基流控制方案分析范围定为:五龙河干流自陶格庄拦河闸断面以下至入海口。分析范围内仅有一座香岛橡胶坝,其余都为拦河闸。为更好地维持河道内生态水位,建议将濯村拦河闸、胡城拦河闸、凤凰台拦河闸改建为橡胶坝。因此本研究分析濯村橡胶坝、胡城橡胶坝、凤凰台橡胶坝、香岛橡胶坝4个闸坝的优化利用。五龙河流域河道主要闸坝位置可见图5-9。

图5-9　五龙河流域主要闸坝位置图

本研究考虑各橡胶坝不同高度在同一河道内的组合情况,并利用水库闸坝优化利用模型和水文水动力模型模拟生态补水时,河道内闸坝最佳工况组合,使得河道内满足生态需水量时,控制河段内坝址断面水深最高。控制河道内闸坝最优高度见表5-18(注:最下游的橡胶坝的高度默认为橡胶坝坝高,表中参数仅作参考)。

表5-18　五龙河干流各月闸坝最优高度

单位:m

月份	10月	11月	12月	1月	2月	3月	4月	5月	6月
濯村橡胶坝	0.38	0.30	0.26	0.23	0.20	0.26	0.30	0.29	0.35
胡城橡胶坝	0.31	0.24	0.21	0.18	0.15	0.20	0.24	0.24	0.29
凤凰台橡胶坝	0.46	0.36	0.24	0.27	0.24	0.24	0.36	0.36	0.42
香岛橡胶坝	0.18	0.14	0.12	0.11	0.09	0.12	0.14	0.14	0.16

5.3.4.3 方案保障程度分析

本研究中五龙河流域生态基流保障方案对陶格庄拦河闸断面以下至入海口控制河段进行分析,该控制河段详情见表5-19。

表5-19 五龙河控制河段详细情况

控制河段	水质目标	河段长度(km)	控制河段长度占比
陶格庄拦河闸至入海口	V	34.80	26.77%

由表5-19可知,通过本研究中五龙河流域生态基流保障方案可保障五龙河26.77%的河段生态基流,长度共计34.80 km。

5.4 黄水河流域

5.4.1 生态基流保障现状

根据4.3节分析可知,黄水河流域内现有水文站为王屋水库站,根据王屋水库站多年实测径流量与黄水河生态基流量进行比较分析可得黄水河流域现状生态基流保障程度,见表5-20。

表5-20 黄水河流域现状生态基流保障程度

水文站	多年平均保障天数(d)			多年平均保障程度(%)		
	汛期	非汛期	全年	汛期	非汛期	全年
王屋水库站	5.25	0.13	5.38	4	0	1

由表5-20可知,黄水河流域王屋水库水文站的全年天数保障程度仅为1%。王屋水库为龙口市的主要供水水源,受人为调控,除汛期下泄洪水时,均无较大的流量,没有稳定的生态下泄流量,加之近年来烟台市连续多年干旱,降雨较少,以至水库蓄水较少,因此王屋水库站的保障程度较低。

从表5-20可以看出,王屋水库生态基流保障程度较低,王屋水库主要向龙口市城区供水、农业灌溉以及向工矿企业供水,现状没有稳定的生态下泄水量,下游段生态需水量难以得到补给,因此需要合理的配置水源,或采用其他水源补给生态需水。

5.4.2 生态流量及补水量

由于汛期来水情况复杂多变,难以确定河道内流量状态,设定汛期结束时河道水量满足 10 月份生态需水要求，从 10 月份之后开始计算河道生态补水量，计算时需考虑河道下渗及蒸发损失。本研究根据流域内王屋水库多年平均蒸发值推算黄水河流域蒸发量，黄水河流域逐月平均蒸发量见表 5-21，并根据诸由观水文站资料，构建降雨-径流模型推算黄水河流域河道下渗水量，并在此基础上计算逐月生态补水量，控制河段逐月生态补水量见表 5-22。

表 5-21 黄水河流域逐月平均蒸发量

月份	平均蒸发量（mm）
1 月	25.5
2 月	33.9
3 月	88.1
4 月	138.2
5 月	164.5
6 月	156.4
7 月	125.4
8 月	110.5
9 月	105.0
10 月	85.2
11 月	54.0
12 月	31.2

表 5-22 黄水河控制河段逐月生态补水量

月份	侧高橡胶坝至黄河营橡胶坝	
	生态水量（万 m³）	生态补水量（万 m³）
10 月	12.94	44.86
11 月	11.89	28.42
12 月	8.18	16.43
1 月	7.35	13.41
2 月	7.46	17.83
3 月	7.76	47.90
4 月	8.45	75.31

续表

月份	侧高橡胶坝至黄河营橡胶坝	
	生态水量（万 m³）	生态补水量（万 m³）
5 月	12.41	101.24
6 月	23.50	123.28
合计	99.94	468.68

根据黄水河流域控制河段情况确定生态基流控制断面为龙口市丛林电厂（黄河营上游 6 km）烟潍路桥国控断面,并根据第三章生态水量计算结果推求控制断面生态流量,黄水河生态基流控制断面逐月生态流量详情见表 5-23。

表 5-23　烟潍路桥国控断面逐月生态流量

月份	生态流量（m³/s）
1 月	0.098 8
2 月	0.011 1
3 月	0.104 4
4 月	0.117 4
5 月	0.166 7
6 月	0.326 3
10 月	0.173 9
11 月	0.165 1
12 月	0.109 9

根据《烟台市水功能区划》报告,黄水河流域水功能区划见图 5-10。

结合黄水河流域水功能区划,确定控制河段水功能分区及水质目标要求见表 5-24。

5.4.3　生态水量保障工程

5.4.3.1　河道水利工程

（1）现状水利工程

流域内现有大（2）型水库 1 座,总库容为 1.284 6 亿 m³,兴利库容为 7 250 万 m³,小（1）型水库共计 8 座,小（2）型水库为 101 座,总控制流域面积为 209.56 km²,

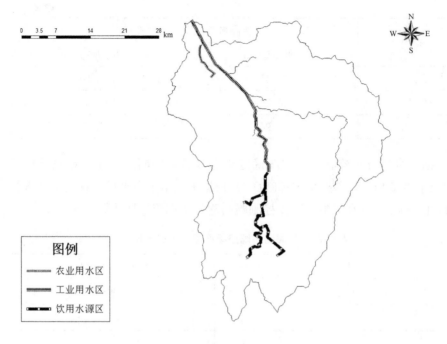

图 5-10 黄水河流域水功能区划图

表 5-24 黄水河控制河段水功能分区及水质目标

控制河段	水功能区名称	水功能区划依据	水质目标
侧高橡胶坝至黄河营橡胶坝	黄水河龙口工业用水区	龙口城区工业水源地	Ⅳ

总库容为 4 315.6 万 m³,兴利库容为 2 775.9 万 m³。建有黄水河地下水库 1 座。

王屋水库是一座以防洪为主,兼顾灌溉、城市供水、养殖等功能综合利用的大(2)型水库。水库除险加固以后防洪标准为 100 年一遇设计,10 000 年一遇校核,总库容为 1.284 6 亿 m³,兴利库容为 0.725 亿 m³,死库容为 0.052 9 亿 m³。王屋水库上游建有小(1)型水库 4 座,控制流域面积为 32.05 km²,总库容为 761.8 万 m³,兴利库容为 537.1 万 m³;小(2)型水库 45 座,控制流域面积为 51.08 km²。

黄水河流域内共有各类拦河闸坝 30 座,其中黄水河干流 9 座,包括 7 座翻板闸及 2 座拦沙坎,黄水河东支流共计拦河闸坝 21 座。根据现场调研情况,黄水河目前多座翻板闸正改建为橡胶坝,因此本研究中所列黄水河闸坝优化调度方案均认为河道现状闸坝为橡胶坝。

黄水河地下水库位于龙口市诸由观黄水河下游距海岸线约 1.2 km 处,北库坝西起羊羔村西北,东至诸由观镇小河口村北;中坝西起羊岚李家村北,东至诸由观镇唐格庄东北。南库地下水挡水坝西起兰高镇侧岑高家村西北,东至诸由观镇诸王院董家村。黄水河地下水库库区总面积为 51.82 km^2,总库容为 5 359 万 m^3,最大调节库容(0.9 m 高程以下,－15 m 最低调节水位以上的库容)为 3 929 万 m^3。

（2）规划水利工程

为解决水资源供需矛盾,实施王屋水库增容工程,在保证防洪安全的前提下,通过抬高水库兴利水位,增加兴利库容,增强水库调蓄能力及供水能力,提高雨洪资源利用。工程主要建设内容为库周耕地抬田、沿库管理路建设、常伦庄南水库培厚、沿库交叉建筑物建设、溢洪道工作闸门加高,工程总投资为 2.3 亿元,工程实施后王屋水库总库容可达 1.35 亿 m^3,年可增加供水量 946 万 m^3。

5.4.3.2　外调水工程

黄水河流域属于龙口市境内,龙口市外调水调蓄水库为王屋水库与迟家沟水库,其中王屋水库为黄水河流域客水分水口,龙口市年调水指标中黄河水为 1 700 万 m^3,长江水为 1 300 万 m^3,龙口市历年调水量见表 5-25。

表 5-25　龙口市历年调水量

年份	2014 年	2015 年	2016 年	2017 年	2018 年	多年平均
调水量（万 m^3）	1 231	1 804.65	1 389	—	267.35	1 173

由表 5-25 可知,龙口市多年平均调水量为 1 173 万 m^3,而龙口市外调水指标为 3 000 万 m^3,多年平均调水量仅占 39.1%,由此可见外调水作为龙口市重要水源之一仍存在较大开发利用潜力,可充分提高市内生活、生产、生态用水的保障能力。

5.4.3.3　海水淡化工程

龙口市现已建成南山铝业海水淡化厂,日处理能力为 3.3 万 t,并规划建设龙口市裕龙岛海水淡化厂,设计运行能力为 12.5 万 t/d。

5.4.3.4　再生水利用工程

据统计,黄水河流域内现运行污水处理厂两处,分别为龙口市污水处理厂、龙口市黄水河污水处理厂,各污水处理厂位置见图 5-11,总污水处理量为 3.98 万 t/d,总再生水产量为 0。流域内再生水利用有较大开发潜力。黄水河流域污水处理厂运行现状见表 5-26。

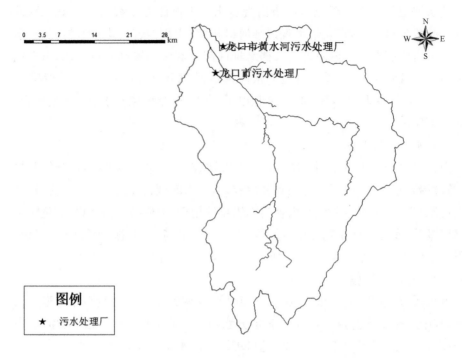

图 5-11　黄水河流域污水处理厂

表 5-26　黄水河流域污水处理厂运行现状统计表

单位名称	设计污水处理能力（万 t/d）	污水处理量（万 t/d）			再生水产量（万 t/d）	再生水利用率（%）
		处理生活污水量	处理工业污水量	总计		
龙口市污水处理厂	2.50	1.86	0.21	2.07	0.00	0
龙口市黄水河污水处理厂	4.00	0.29	1.62	1.91	0.00	0
合计	6.50	2.15	1.83	3.98	0.00	0

5.4.4　生态基流保障方案及保障程度分析

　　黄水河流域现状生态基流难以保障，河道多处断流，严重影响市容市貌，为修复河道生态环境，保障河道生态基流要求，丰水年可增大王屋水库泄洪量并配合下游拦河闸坝蓄水以保障生态基流。枯水年时则采取下述生态补水方案补充河道生态用水。

5.4.4.1　生态补水方案

　　侧高橡胶坝至黄河营橡胶坝段为黄水河龙口工业用水区，水质目标为Ⅳ类水,共需补水量 468.68 万 m³,由于河道下游存在黄水河地下水库,为防止河道水下渗污染地下水源,因此不宜采用污水处理厂尾水净化后补充河道生态用水,同时距河道最近海水淡化厂为龙口市裕龙岛海水淡化厂,距河道直线距离为 18.15 km,距离较远,采用淡化海水补充河道生态用水输水成本较高,结合河道水利工程建设现状及用水现状,宜在王屋水库分水口处增加外调水分水量 468.68 万 m³,补充流域内生活及生产用水,置换部分水源用于保障河道生态用水。

5.4.4.2 闸坝优化利用

本研究黄水河流域生态基流控制方案分析范围定为黄水河干流自侧高橡胶坝以下至黄河营橡胶坝。根据实地调研,现在黄水河干流的翻板闸正陆续更新成橡胶坝。因此,本次研究分析黄水河干流黄河营橡胶坝、妙果橡胶坝、西张家橡胶坝、侧高橡胶坝 4 个闸坝的优化利用。河道主要闸坝位置可见图 5-12。

图 5-12 黄水河主要工程位置图

本研究考虑各橡胶坝不同高度在同一河道内的组合情况,并利用水库闸坝优化利用模型和水文水动力模型模拟生态补水时,河道内闸坝最佳工况组合,使得河道内满足生态需水量时,控制河段内坝址断面水深最高。控制河道内闸坝最优高度见表 5-27(注:最下游的橡胶坝的高度默认为橡胶坝坝高,表中参数仅作参考)。

表5-27　黄水河干流各月闸坝最优高度

单位:m

月份	10月	11月	12月	1月	2月	3月	4月	5月	6月
侧高橡胶坝	0.86	0.82	0.68	0.65	0.65	0.67	0.70	0.84	1.16
西张家橡胶坝	1.36	1.31	1.08	1.03	1.03	1.05	1.10	1.33	1.83
妙果橡胶坝	0.40	0.38	0.32	0.30	0.30	0.31	0.32	0.39	0.54
黄河营橡胶坝	1.85	1.77	1.47	1.39	1.40	1.43	1.49	1.81	2.49

5.4.4.3　方案保障程度分析

本研究中黄水河流域生态基流保障方案控制河段详情见表5-28。

表5-28　黄水河控制河段详细情况

控制河段	水质目标	河段长度(km)	控制河段长度占比(%)
侧高橡胶坝至黄河营橡胶坝	Ⅳ	15.28	27.78

由表5-28可知,通过本研究中黄水河流域生态基流保障方案可保障黄水河27.78%的河段生态基流,共计15.28 km。

5.5　王河流域

5.5.1　生态流量及补水量

由于汛期来水情况复杂多变,难以确定河道内流量状态,设定汛期结束时河道水量满足10月份生态需水要求,从10月份之后开始计算河道生态补水量,计算时需考虑河道下渗及蒸发损失。由于目前缺乏王河流域内水文站蒸散发资料,本研究根据邻近原则采用邻近水文站王屋水库多年平均蒸发值推算王河流域蒸发量(表5-29),并根据平里店水文站资料,构建降雨-径流模型推算王河流域河道下渗水量,并在此基础上计算逐月生态补水量,各控制河段逐月生态补水量见表5-30。

表5-29　王河流域逐月平均蒸发量

月份	平均蒸发量(mm)
1月	25.5
2月	33.9

续表

月份	平均蒸发量(mm)
3 月	88.1
4 月	138.2
5 月	164.5
6 月	156.4
7 月	125.4
8 月	110.5
9 月	105.0
10 月	85.2
11 月	54.0
12 月	31.2

表 5-30　王河控制河段逐月生态补水量

月份	过西橡胶坝至西由街西闸	
	生态水量(万 m³)	生态补水量(万 m³)
10 月	1.48	19.29
11 月	1.36	12.22
12 月	0.94	7.06
1 月	0.84	5.76
2 月	0.85	7.67
3 月	0.89	20.14
4 月	0.97	31.62
5 月	1.42	39.16
6 月	2.69	40.76
合计	11.44	183.68

　　根据王河流域控制河段情况确定生态基流控制断面为莱州市后邓村后邓大桥断面,并根据第三章生态水量计算结果推求控制断面生态流量,王河生态基流控制断面逐月生态流量详情见表 5-31。

表 5-31　后邓大桥断面逐月生态流量

月份	生态流量(m^3/s)
1 月	0.054 0
2 月	0.006 1
3 月	0.057 0
4 月	0.064 2
5 月	0.091 1
6 月	0.178 3
10 月	0.095 0
11 月	0.090 2
12 月	0.060 0

根据《烟台市水功能区划》报告,王河流域水功能区划见图 5-13。

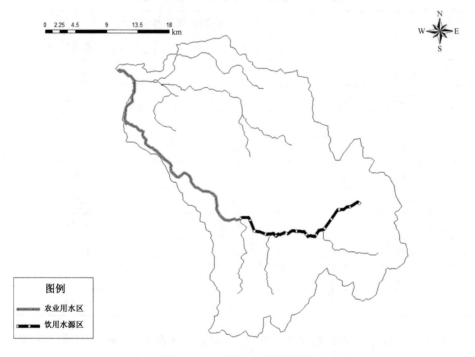

图 5-13　王河流域水功能区划

结合王河流域水功能区划,确定控制河段水功能分区及水质目标要求见表5-32。

表 5-32　王河控制河段水功能分区及水质目标

控制河段	水功能区名称	水功能区划依据	水质目标
过西橡胶坝至西由街西闸	王河莱州农业用水区	农业用水	V

5.5.2　生态水量保障工程

5.5.2.1　河道水利工程

（1）现状水利工程

王河流域目前共建有各类水库 42 座,其中中型水库 3 座,小（1）型水库 2 座,小（2）型水库 37 座,总控制流域面积为 174.2 km²,总库容为 5 354.92 万 m³,兴利库容为 3 152.6 万 m³。建有王河地下水库 1 座。

赵家水库是一座集城市供水、防洪等功能综合运用的中型水库,水库控制流域面积为 35 km²,水库防洪标准达到 100 年一遇设计,2 000 年一遇校核,总库容为 1 670 万 m³,兴利库容为 1 052 万 m³。

坎上水库是一座集防洪、农业灌溉、水产养殖等功能综合运用的多年调节中型水库,控制流域面积为 31 km²,水库防洪标准达到 100 年一遇设计,2 000 年一遇校核,总库容为 1 199 万 m³,兴利库容为 525 万 m³。

白云洞水库是一座集防洪、农业灌溉、渔业养殖等功能综合运用的中型水库,控制流域面积为 24 km²,水库防洪标准达到 100 年一遇设计,2 000 年一遇校核,总库容为 1 130 万 m³,兴利库容为 775 万 m³。

王河河道内自 20 世纪 80 年代至今共建有各类拦河闸坝 8 座,按类型分类,橡胶坝 1 座,拦河闸 5 座,拦砂坎 2 座。结合现场实地调研情况,本研究中王河流域主要闸坝信息见表 5-33。

王河地下水库供水工程位于莱州市西北 15 km,王河下游,距离莱州湾约 2 km。王河地下水库工程为大（2）型,地下坝长 13 954 m,由 3 部分组成。其中,北坝 5 725 m（西起仓上村,东至街西村西北）、西坝 7 389 m（南起朱由镇武家村龙王河北岸,北与仓上相接）、副坝 840 m（位于西由镇新合村南）;地下回灌工程,包括机渗井 1 210 眼,渗沟 65 条。地下水库总库容为 5 693 万 m³,多年平均调节水量为 2 224 万 m³,最大调节库容为 3 273 万 m³,最高运行水位为 1.0 m,死水位为 −9.0 m,死库容为 2 420 万 m³。设计调节水位为 −4.87 m 时,设计调节库容为 2 080 万 m³。

表 5-33　王河流域主要闸坝信息

闸坝名称	所在河流	坝高(m)	坝长(m)	闸孔数量(孔)	闸孔总净宽(m)
西由街西闸	王河干流	—	—	12	105.60
过西橡胶坝	王河干流	3.20	128.00	—	—
王河倒虹吸进水闸	王河干流	—	—	2	6.00

（2）规划水利工程

王河流域规划新建水利工程为小沽河与赵家水库连通工程,工程利用小沽河已建橡胶坝,铺设小沽河至薛家水库供水管线 7.5 km,加固薛家水库至赵家水库河道 8.0 km,利用汛期向薛家水库调水,日调水量为 5.00 万 m³,年调水量为 800.00 万 m³,可提高莱州市北部区域水厂的供水保障率。

5.5.2.2　外调水工程

王河流域设有王河分水口,调蓄水库分别为赵家水库、坎上水库,年调水指标中黄河水为 1 700.00 万 m³,长江水为 1 300.00 万 m³,莱州市历年调水量见表 5-34。

表 5-34　莱州市历年调水量

年份	2014 年	2015 年	2016 年	2017 年	2018 年	多年平均
调水量（万 m³）	500	935.89	1 213	300.65	753.53	740.61

由表 5-34 可知,莱州市多年平均调水量为 740.61 万 m³,而莱州市外调水指标为 3 000.00 万 m³,多年平均调水量仅占 24.69%,由此可见外调水作为莱州市重要水源之一,仍存在较大开发利用潜力,可充分提高市内生活、生产、生态用水的保障能力。

5.5.2.3　海水淡化工程

流域内目前无海水淡化设施,距离王河流域较近海水淡化设施为莱州华电海水淡化厂,设计运行能力为 10 万 t/d。

5.5.2.4　再生水利用工程

据统计,王河流域内现运行污水处理厂仅一处,为莱州莱润控股有限公司。污水处理厂位置见图 5-14,总污水处理量为 4.27 万 t/d,总再生水产量为 0.43 万 t/d,再生水利用率仅为 10.07%。流域内再生水利用率较低,仍有较大开发潜力。王河流域污水处理厂运行现状见表 5-35。

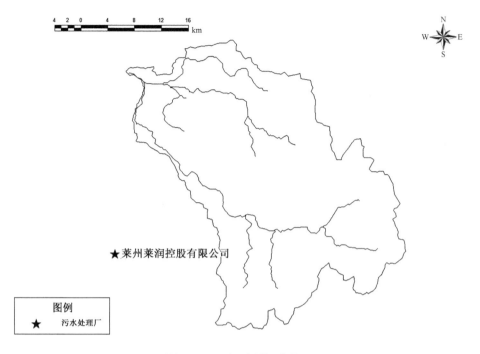

图 5-14　王河流域污水处理厂

表 5-35　王河流域污水处理厂运行现状统计表

单位名称	污水处理量（万 t/d）			再生水产量（万 t/d）				再生水利用率（%）
	处理生活污水量	处理工业污水量	总计	工业用水	市政用水	景观用水	总计	
莱州莱润控股有限公司	4.14	0.13	4.27	0.25	0.18	0.00	0.43	10.07

5.5.3　生态基流保障方案及保障程度分析

　　王河流域现状生态基流难以保障，河道多处断流，严重影响市容市貌，为修复河道生态环境，保障河道生态基流要求，丰水年时可采用增大坎上水库或赵家水库泄洪量并配合下游拦河闸坝蓄水以保障生态基流，枯水年时则采取下述生态补水方案补充河道生态用水。

5.5.3.1　生态补水方案

　　过西橡胶坝至西由街西闸段为王河莱州农业用水区，水质目标为 V 类水，共需补水量 183.68 万 m³，由于河道下游存在王河地下水库，为防止河道水下渗污染地下水源,因此不宜采用污水处理厂尾水净化后补充河道生态用水,同时距河道最近海水淡化厂为莱州华电污水处理厂,距河道直线距离为 15.78 km,距离较远,采用淡化海水补充河道生态用水输水成本较高,结合河道水利工程建设现状及用水现状,宜在赵家水库分水口或坎上水库分水口处增加外调水分水量183.68 万 m³,补充流域内生活及生产用水,置换部分水源用于保障河道生态用水。

5.5.3.2 闸坝优化利用

由于本研究王河流域生态基流控制方案分析范围定为王河干流自过西橡胶坝断面以下至入海口,因此本研究只分析王河过西橡胶坝和西由街西闸两个闸坝的优化利用。河道主要闸坝位置可见图 5-15。

图 5-15 王河流域主要工程位置图

本研究考虑各橡胶坝不同高度在同一河道内的组合情况,并利用水库闸坝优化利用模型和水文水动力模型模拟生态补水时,河道内闸坝最佳工况组合,使得河道内满足生态需水量时,控制河段内坝址断面水深最高。控制河道内闸坝最优高度见表 5-36(注:最下游的橡胶坝的高度默认为橡胶坝坝高,表中参数仅作参考)。

表 5-36　王河干流各月闸坝最优高度

单位:m

月份	10 月	11 月	12 月	1 月	2 月	3 月	4 月	5 月	6 月
过西橡胶坝	0.82	0.78	0.65	0.61	0.61	0.63	0.65	0.72	0.99
西由街西闸	0.69	0.65	0.55	0.52	0.52	0.53	0.55	0.60	0.83

5.5.3.3　方案保障程度分析

本研究中王河流域生态基流保障方案控制河段详情见表 5-37。

表 5-37　王河控制河段详细情况

控制河段	水质目标	河段长度(km)	控制河段长度占比(%)
过西橡胶坝至西由街西闸	V	3.2	5.82

由表 5-37 可知,通过本研究中王河流域生态基流保障方案可保障王河 5.82% 的河段生态基流,共计 3.2 km。

5.6　东村河流域

5.6.1　生态流量及补水量

由于汛期来水情况复杂多变,难以确定河道内流量状态,设定汛期结束时河道水量满足 10 月份生态需水要求,从 10 月份之后开始计算河道生态补水量,计算时需考虑河道下渗及蒸发损失。本研究根据流域内海阳水文站多年平均蒸发值推算东村河流域蒸发量,东村河流域逐月平均蒸发量见表 5-38,并根据海阳水文站资料,构建降雨-径流模型推算东村河流域河道下渗水量,并在此基础上计算逐月生态补水量,各控制河段逐月生态补水量见表 5-39。

表 5-38　东村河流域逐月平均蒸发量

月份	平均蒸发量(mm)
1 月	21.7
2 月	27.4
3 月	65.4
4 月	96.5
5 月	115.5
6 月	104.2

续表

月份	平均蒸发量(mm)
7 月	95.6
8 月	100.1
9 月	97.5
10 月	74.9
11 月	45.4
12 月	23.3

表 5-39 东村河控制河段逐月生态补水量

月份	石人泊桥橡胶坝至入海口橡胶坝	
	生态水量(万 m³)	生态补水量(万 m³)
10 月	7.14	10.93
11 月	4.39	6.63
12 月	3.24	3.39
1 月	2.55	3.16
2 月	1.92	4.00
3 月	3.24	9.80
4 月	4.38	14.14
5 月	4.30	17.14
6 月	5.93	16.26
合计	37.09	85.45

根据东村河流域控制河段情况确定生态基流控制断面为海阳市度假区东村河入海口国控断面,并根据第三章生态水量计算结果推求控制断面生态流量,东村河生态基流控制断面逐月生态流量详情见表 5-40。

表 5-40 东村河入海口国控断面逐月生态流量

月份	生态流量(m³/s)
1 月	0.032 9
2 月	0.002 7
3 月	0.041 7
4 月	0.058 3

续表

月份	生态流量(m^3/s)
5 月	0.055 4
6 月	0.079 1
10 月	0.092 1
11 月	0.058 5
12 月	0.041 9

根据《烟台市水功能区划》报告,东村河流域水功能区划见图 5-16。

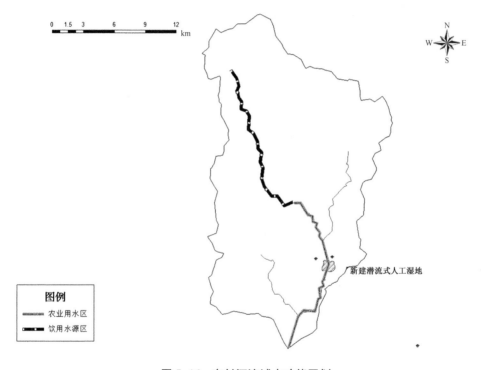

图 5-16　东村河流域水功能区划

结合东村河流域水功能区划,确定控制河段水功能分区及水质目标要求见表 5-41。

表 5-41　东村河控制河段水功能分区及水质目标

控制河段	水功能区名称	水功能区划依据	水质目标
石人泊桥橡胶坝至入海口橡胶坝	东村河海阳农业用水区	农业用水	Ⅳ

5.6.2 生态水量保障工程

5.6.2.1 河道水利工程

（1）现状水利工程

东村河上无大中型水库，以小型水库和拦河闸坝为主。

东村河流域内至今共建有各类拦河闸坝 36 座，按类型分类，橡胶坝 17 座，自动翻板闸 19 座。本研究中东村河流域主要闸坝信息见表 5-42。

表 5-42　东村河流域主要闸坝信息

闸坝名称	所在河流	坝高（m）	坝长（m）	坝顶高程（m）
入海口橡胶坝	东村河干流	2.5	270.0	2.5
滨海路大桥橡胶坝	东村河干流	1.5	169.0	2.3
黄海大道桥橡胶坝	东村河干流	3.5	144	—
石人泊桥橡胶坝	东村河干流	3.5	150	—

（2）规划水利工程

东村河流域现规划水利工程为海阳市建新、石现水库至才苑、南台水库水系连通工程。

海阳市建新、石现水库至才苑、南台水库水系连通工程选择建新水库、石现水库、才苑水库、南台水库、里店水库作为调蓄水库，实施河库连通。在建新水库下游新建建新泵站（规模为 3.0 万 m³/d），调水管路加压流至沟杨家；石现水库调水管路自流至沟杨家。在沟杨家村东新建沟杨家泵站（规模为 4.0 万 m³/d），建新水库及石现水库调水管路在沟杨家泵站以后并为一根管路，管路到达朱吴镇后分为两支，一支管路调入才苑水库，另一支管路调入南台水库。从沟杨家泵站后接出一根 DN800 螺旋钢管沿公路边向南至二王家村北后，沿昌水河支流敷设至高家村南，改沿公路边敷设至后庄村北最高点处，本段管路长 7.10 km（桩号 GC0+000−5+040 段采用 TPEP 防腐钢管，GC5+040−7+124 段采用涂塑复合钢管）；过最高点后，采用一根 DN600 管路沿公路边敷设至后庄村东，改沿农田敷设至朱吴镇南，沿公路敷设至五间屋村北，改沿东村河东岸敷设至新兴村北，向西穿过东村河沿农田敷设，穿越才苑水库上游山谷后进入才苑水库，本段管路长 18.40 km（桩号 GC7+100−10+100 段采用涂塑复合钢管，GC10+100−25+500 段采用球墨铸铁管）。沟杨家泵站至才苑水库段，设计流量为 0.463 m³/s。

5.6.2.2 海水淡化工程

东村河流域内无海水淡化利用设施，较近海水淡化设施为规划的海阳核电胶东半岛大型淡化海水区域性供应基地。到 2020 年形成 30 万 t/d 超大规模生产能力,远景形成 50 万 t/d 乃至更大的产能。

5.6.2.3　再生水利用工程

据统计,东村河流域内现运行污水处理厂两处,分别为海阳康达环保水务有限公司、海阳北控水务有限公司。各污水处理厂位置见图 5-17,总污水处理量为 4.74 万 t/d,总再生水产量为 0 万 t/d,流域内再生水利用有较大开发潜力。东村河流域污水处理厂运行现状见表 5-43。

图 5-17　东村河流域污水处理厂

表 5-43　东村河流域污水处理厂运行现状统计表

单位名称	污水处理能力（万 t/d）	污水处理量(万 t/d)			再生水产量（万 t/d）	再生水利用率（%）
		处理生活污水量	处理工业污水量	总计		
海阳康达环保水务有限公司	2.00	1.48	0.52	2.00	0.00	0
海阳北控水务有限公司	3.00	2.72	0.02	2.74	0.00	0
合计	5.00	4.20	0.54	4.74	0.00	0

5.6.3 生态基流保障方案及保障程度分析

东村河流域现状生态基流难以保障,河道多处断流,严重影响市容市貌,为修复河道生态环境,保障河道生态基流要求,因此,结合东村河流域水功能区划要求,需向河道补充生态用水,采取不同补水方案并配合闸坝优化利用以保障不同控制河段生态基流。

5.6.3.1 生态补水方案

石人泊桥橡胶坝至入海口橡胶坝段为东村河海阳农业用水区,水质目标为Ⅳ类水,共需补水量 85.45 万 m³,可采用海阳康达环保水务有限公司和海阳北控水务有限公司尾水经湿地净化后补充河道生态用水,由于两所污水处理厂收集有工业废水,作为河道补水存在一定风险。

根据《东村河整治方案》,拟通过收水管网改造将两所污水处理厂收集的工业废水和生活污水分离,新建 1 万 m³/d 的海阳康达环保水务有限公司工业再生水厂工程和 0.5 万 m³/d 的海阳北控水务有限公司工业再生水厂工程处理工业废水,确保工业废水处理可以稳定达标。在两所污水处理厂南侧建设人工湿地处理工程,处理规模为 1.5 万 m³/d,建设面积为 67.5 亩,将两所污水处理厂尾水水质由一级 A 类提升为地表水Ⅳ类标准,沿东村河两岸将湿地出水输送至石人泊桥橡胶坝下游,输水流量为 0.1 m³/s,补充河道生态用水。

新建补水工程主要包含收水管网改造工程、新建海阳康达环保水务有限公司和海阳北控水务有限公司工业再生水厂工程、人工湿地工程、中水管线工程。再生水补水工程布局见图 5-18。

5.6.3.2 闸坝优化利用

由于本研究东村河流域生态基流控制方案分析范围定为东村河干流自石人泊断面以下至入海口(橡胶坝),因此本研究只分析黄海大道桥橡胶坝、海滨路大桥橡胶坝、入海口橡胶坝共计 3 个橡胶坝的优化利用。河道主要闸坝位置可见图 5-19。

本研究考虑各橡胶坝不同高度在同一河道内的组合情况,并利用水库闸坝优化利用模型和水文水动力模型模拟生态补水时,河道内闸坝最佳工况组合,使得河道内满足生态需水量时,控制河段内坝址断面水深最高。控制河道内闸坝最优高度见表 5-44(注:最下游的橡胶坝的高度默认为橡胶坝坝高,表中参数仅作参考)。

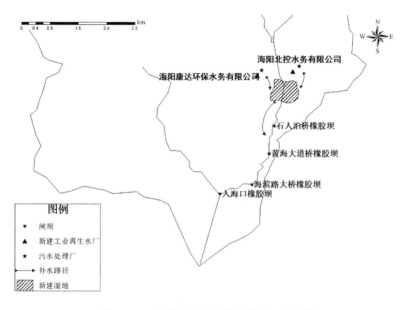

图 5-18 东村河流域再生水补水工程布局

图 5-19 东村河主要工程位置图

表 5-44　东村河干流各月闸坝最优高度

单位:m

月份	10月	11月	12月	1月	2月	3月	4月	5月	6月
黄海大道桥橡胶坝	0.93	0.76	0.66	0.63	0.60	0.64	0.65	0.69	0.81
海滨路大桥橡胶坝	0.59	0.48	0.42	0.40	0.39	0.41	0.41	0.44	0.52
入海口橡胶坝	0.41	0.34	0.30	0.28	0.27	0.29	0.29	0.31	0.36

5.6.3.3　方案保障程度分析

　　本研究中东村河流域生态基流保障方案对东村河干流自石人泊断面以下至入海口(橡胶坝)控制河段进行分析,该控制河段详情见表 5-45。

表 5-45　东村河各控制河段详细情况

控制河段	水质目标	河段长度(km)	控制河段长度占比(%)
石人泊桥橡胶坝至入海口橡胶坝	IV	9.55	28.94

　　由表 5-45 可知,通过本研究中东村河流域生态基流保障方案可保障东村河 28.94% 的河段生态基流,共计 9.55 km。

5.7　界河流域

5.7.1　生态流量及补水量

　　由于汛期来水情况复杂多变,难以确定河道内流量状态,设定汛期结束时河道水量满足 10 月份生态需水要求,从 10 月份之后开始计算河道生态补水量,计算时需考虑河道下渗及蒸发损失。由于目前缺乏界河流域内水文站蒸散发资料,根据邻近原则采用邻近水文站王屋水库多年平均蒸发值推算界河流域蒸发量,界河流域逐月的平均蒸发量见表 5-46。由于没有足够的降雨、径流数据,根据邻近原则采用邻近流域的河道下渗系数,并在此基础上构建降雨-径流模型,计算逐月生态补水量,各控制河段逐月生态补水量见表 5-47。

表 5-56　界河流域逐月平均蒸发量

月份	平均蒸发量(mm)
1月	25.5

续表

月份	平均蒸发量(mm)
2 月	33.9
3 月	88.1
4 月	138.2
5 月	164.5
6 月	156.4
7 月	125.4
8 月	110.5
9 月	105.0
10 月	85.2
11 月	54.0
12 月	31.2

表 5-47　界河控制河段逐月生态补水量

月份	金泉河 1 号橡胶坝至金泉河 8 号橡胶坝	
	生态水量(万 m³)	生态补水量(万 m³)
10 月	2.77	4.04
11 月	2.54	2.56
12 月	1.75	1.48
1 月	1.57	1.21
2 月	1.60	1.61
3 月	1.66	4.18
4 月	1.81	6.57
5 月	2.65	7.90
6 月	5.03	7.68
合计	21.38	37.23

　　根据界河流域控制河段情况确定生态基流控制断面为招远市玲珑路大桥断面,并根据第三章生态水量计算结果推求控制断面生态流量,界河生态基流控制断面逐月生态流量详情见表 5-48。

表5-48 玲珑路大桥断面逐月生态流量

月份	生态流量(m³/s)
1月	0.060 8
2月	0.006 8
3月	0.064 2
4月	0.072 2
5月	0.102 6
6月	0.200 8
10月	0.107 0
11月	0.101 6
12月	0.067 6

根据《烟台市水功能区划》报告,界河流域水功能区划见图5-20。

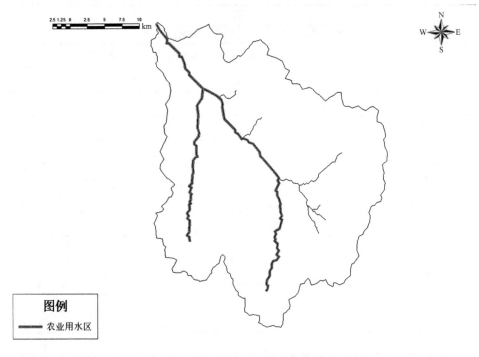

图 5-20 界河流域水功能区划

结合界河流域水功能区划,确定控制河段水功能分区及水质目标要求见表5-49。

表 5-49　界河控制河段水功能分区及水质目标

控制河段	水功能区名称	水功能区划依据	水质目标
金泉河 1 号橡胶坝至金泉河 8 号橡胶坝	界河招远农业用水区	农业用水、接纳污水	V

5.7.2　生态水量保障工程

5.7.2.1　河道水利工程

界河流域建有中型水库 1 座、小（1）型水库 13 座、小（2）型水库 82 座、塘坝 453 座，总库容为 7 735.44 万 m³，净控制流域面积为 263.77 km²，占流域总面积的 44.72%。

金岭水库坝址以上流域面积为 36.0 km²，加固后水库防洪标准达到 50 年一遇设计、1 000 年一遇校核，水库总库容为 1 251 万 m³，兴利库容为 662 万 m³，死库容为 83 万 m³。

金岭水库坝址以上，自 20 世纪 60 年代开始至今先后建成小（1）型水库 1 座，小（2）型水库 10 座，总流域面积为 13.55 km²，总库容为 401.8 万 m³，兴利库容为 204.4 万 m³。

界河干流及 2 条主要河道共有 4 座翻板闸、11 座橡胶坝，其中界河干流共有 3 座翻板闸、9 座橡胶坝，城区已建成 8 座橡胶坝，支流罗山河上有 2 座橡胶坝，支流大秦家河建有 2 座钢结构自动翻板闸，支流钟离河上有 1 座翻板闸。本研究中界河流域主要闸坝信息见表 5-50。

表 5-50　界河流域主要闸坝信息

闸坝名称	所在河流	坝高（m）	坝长（m）	坝顶高程（m）
金泉河 1 号橡胶坝	金泉河	3.00	60.00	66.00
金泉河 2 号橡胶坝	金泉河	3.15	84.00	64.45
金泉河 3 号橡胶坝	金泉河	3.15	90.20	62.55
金泉河 4 号橡胶坝	金泉河	3.00	99.00	60.30
金泉河 5 号橡胶坝	金泉河	3.15	94.00	59.25
金泉河 6 号橡胶坝	金泉河	2.00	60.00	57.20
金泉河 7 号橡胶坝	金泉河	3.15	94.00	56.75
金泉河 8 号橡胶坝	金泉河	3.00	100.00	54.40

5.7.2.2 外调水工程

界河流域经由侯家水库分水口调入外调水,年调水指标中黄河水为1 500万 m³,长江水为1 200万 m³,侯家水库历年调水量见表5-51。

表5-51 侯家水库历年调水量

年份	2014年	2015年	2016年	2017年	2018年	多年平均
调水量（万 m³）	600.00	428.46	1 167.00	200.06	578.77	594.86

由表5-51可知,侯家水库多年平均调水量为594.86万 m³,而侯家水库外调水指标为2 700.00万 m³,多年平均调水量占比仅为22.03%,由此可见外调水作为界河流域重要水源之一仍存在较大开发利用潜力,可充分提高流域内生活、生产、生态用水的保障能力。

5.7.2.3 海水淡化工程

招远市无海水淡化利用项目,距离界河流域较近海水淡化设施为华电莱州发电有限公司和规划的南山集团裕龙岛石化园区海水淡化工程。华电莱州发电有限公司一期设计日运行规模为0.7万 t,二期设计日运行规模为0.8万 t,共1.5万 t,南山集团裕龙岛石化园区海水淡化工程设计日运行规模为12.5万 t。

5.7.2.4 再生水利用工程

据统计,界河流域内现运行污水处理厂有一处,为招远市桑德水务有限公司。污水处理量为6.31万 t/d,再生水产量为6.31万 t/d,再生水利用率为100%,全部用于生态补水。界河流域污水处理厂运行现状见表5-52。

表5-52 界河流域污水处理厂运行现状统计表

单位名称	污水处理量(万 t/d)			再生水产量(万 t/d)				再生水利用率(%)
	处理生活污水量	处理工业污水量	总计	工业用水	市政用水	景观用水	总计	
招远市桑德水务有限公司	5.05	1.26	6.31	0.00	0.00	6.31	6.31	100

5.7.3 生态基流保障方案及保障程度分析

界河流域现状河道未有断流情况发生,但为修复河道生态环境,保障河道生态基流要求,需结合界河流域水功能区划要求,丰水年时增大金岭水库泄洪量并配合下游拦河闸坝蓄水以保障生态基流,枯水年时则采取下述生态补水方案补充河道生态用水。

5.7.3.1   生态补水方案

金泉河 1 号橡胶坝至金泉河 8 号橡胶坝段为界河招远农业用水区,水质目标为 V 类水,共需补水量 37.23 万 m³,可采用招远市桑德水务有限公司尾水经湿地净化后补充河道生态用水。现状招远市桑德水务有限公司再生水已全部用于景观用水。

距河道最近海水淡化厂为华电莱州发电有限公司和南山集团有限公司,距河道直线距离分别为 28.25、22.62 km,距离较远,采用淡化海水补充河道生态用水输水成本较高,因此不宜采用淡化海水用作生态用水。

5.7.3.2   闸坝优化利用

由于本研究界河流域生态基流控制方案分析范围定为界河干流自金泉河 1 号橡胶坝断面以下至金泉河 8 号橡胶坝(城区段),因此本研究分析界河金泉河 2~8 号橡胶坝共 7 个闸坝的优化利用。河道主要闸坝位置可见图 5-21。

图 5-21   界河流域主要工程位置图

本研究考虑各橡胶坝不同高度在同一河道内的组合情况,并利用水库闸坝优化利用模型和水文水动力模型模拟生态补水时,河道内闸坝最佳工况组合,使得河道内满足生态需水量时,控制河段内坝址断面水深最高。控制河道内闸坝最优高度见表 5-53(注:最下游的橡胶坝的高度默认为橡胶坝坝高,表中高度仅作参考)。

表 5-53　界河干流各月闸坝最优高度

单位:m

月份	10 月	11 月	12 月	1 月	2 月	3 月	4 月	5 月	6 月
2 号橡胶坝	0.47	0.45	0.38	0.36	0.36	0.37	0.38	0.64	1.57
3 号橡胶坝	0.50	0.48	0.40	0.38	0.38	0.39	0.41	0.68	1.68
4 号橡胶坝	0.52	0.50	0.42	0.39	0.40	0.41	0.42	0.71	1.74
5 号橡胶坝	0.37	0.35	0.29	0.28	0.28	0.28	0.30	0.49	1.22
6 号橡胶坝	0.64	0.62	0.51	0.48	0.49	0.50	0.52	0.87	2.13
7 号橡胶坝	0.24	0.23	0.19	0.18	0.18	0.19	0.19	0.32	0.80
8 号橡胶坝	0.53	0.51	0.42	0.40	0.40	0.41	0.43	0.72	1.77

5.7.3.3　方案保障程度分析

本研究中界河流域生态基流保障方案对界河干流自金泉河 1 号橡胶坝断面以下至金泉河 8 号橡胶坝控制河段进行分析,该控制河段详情见表 5-54。

表 5-54　界河各控制河段详细情况

控制河段	水质目标	河段长度(km)	控制河段长度占比(%)
金泉河 1 号橡胶坝至金泉河 8 号橡胶坝	V	4.25	9.66

由表 5-54 可知,通过本研究中界河流域生态基流保障方案可保障界河 9.66% 的河段生态基流,共计 4.25 km。

5.8　辛安河流域

5.8.1　生态流量及补水量

由于汛期来水情况复杂多变,难以确定河道内流量状态,设定汛期结束时河道水量满足 10 月份生态需水要求,从 10 月份之后开始计算河道生态补水量,计算时需考虑河道下渗及蒸发损失。由于目前缺乏辛安河流域内水文站蒸散发资料,根据邻近原则采用邻近水文站门楼水库站多年平均蒸发值推算辛安河流域蒸发量,见表 5-55。根据辛安水文站资料,构建降雨-径流模型推算辛安河流域河道下渗系数,并在此基础上计算逐月生态补水量,各控制河段逐月生态补水量见表 5-56。

表 5-55 辛安河流域逐月平均蒸发量

月份	平均蒸发量(mm)
1 月	18.4
2 月	25.0
3 月	73.4
4 月	121.7
5 月	143.9
6 月	135.8
7 月	111.7
8 月	104.9
9 月	97.3
10 月	76.7
11 月	46.5
12 月	21.7

表 5-56 辛安河控制河段逐月生态补水量

月份	大山后橡胶坝至辛安橡胶坝	
	生态水量(万 m³)	生态补水量(万 m³)
10 月	2.01	5.06
11 月	1.22	3.07
12 月	0.93	1.57
1 月	0.77	1.47
2 月	0.69	1.84
3 月	0.90	4.62
4 月	0.88	6.57
5 月	1.03	7.79
6 月	1.90	7.04
合计	10.33	39.00

　　根据辛安河流域控制河段情况确定生态基流控制断面为莱山区新添堡村菊花山路桥断面,并根据第三章生态水量计算结果推求控制断面生态流量,辛安河生态基流控制断面逐月生态流量详情见表 5-57。

表 5-57　菊花山路桥断面逐月生态流量

月份	生态流量(m³/s)
1 月	0.037 1
2 月	0.003 7
3 月	0.043 7
4 月	0.044 0
5 月	0.049 9
6 月	0.094 8
10 月	0.097 2
11 月	0.060 8
12 月	0.044 8

根据《烟台市水功能区划》报告,辛安河流域水功能区划见图 5-22。

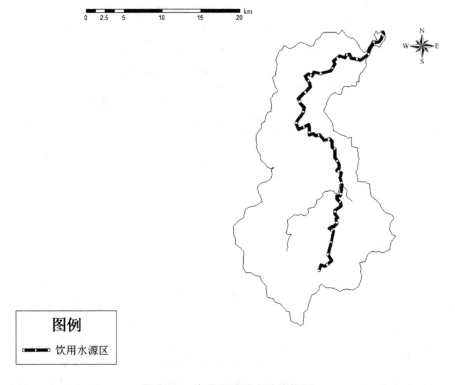

图 5-22　辛安河流域水功能区划

结合辛安河流域水功能区划,确定控制河段水功能分区及水质目标要求见表 5-58。

表5-58 辛安河控制河段水功能分区及水质目标

控制河段	水功能区名称	水功能区划依据	水质目标
大山后橡胶坝至辛安橡胶坝	辛安河牟平、莱山饮用水源区	牟平、莱山水源地、工业农业用水	Ⅲ

5.8.2 生态水量保障工程

5.8.2.1 河道水利工程

流域内建有中型水库1座,小(1)型水库5座,小(2)型水库13座,塘坝40座,总库容为7 888万 m³,占地表水资源总量的69%,控制流域面积为200 km²,占总面积的63.5%。

高陵水库控制流域面积为160 km²,防洪标准达到100年一遇设计、2 000年一遇校核,水库总库容为6 884万 m³,兴利库容为3 500万 m³。

辛安河流域本次调查有各类拦河闸坝10座。按类型分类,橡胶坝6座,拦河闸1座,拦砂坎3座。本研究中辛安河流域主要闸坝信息见表5-59。

表5-59 辛安河流域主要闸坝信息

闸坝名称	所在河流	坝高(m)	坝长(m)	坝顶高程(m)
大山后橡胶坝	辛安河干流	3.00	100.00	13.00
新添堡橡胶坝	辛安河干流	2.00	110.00	23.00
辛安橡胶坝	辛安河干流	4.00	110.00	12.00

5.8.2.2 外调水工程

辛安河流域经辛安分水口调外调水入高陵水库,年调水指标中黄河水为800万 m³,长江水为500万 m³,高陵水库历年调水量见表5-60。

表5-60 高陵水库历年调水量

年份	2015年	2016年	2017年	2018年	多年平均
调水量(万 m³)	491.97	1 190.00	1 012.44	181.41	718.96

由表5.8-6可知高陵水库多年平均调水量为718.96万 m³,而高陵水库外调水指标为1 300.00万 m³,多年平均调水量占比仅为55.30%,由此可见外调水作为辛安河流域重要水源之一仍存在较大开发利用潜力,可充分提高流域内生活、生产、生态用水的保障能力。

5.8.2.3 海水淡化工程

辛安河流域内无海水淡化项目也无规划的项目,距离辛安河流域较近海水淡化设施为华能热电烟台八角电厂工程,设计运行规模为 1.80 万 t/d。

5.8.2.4 再生水利用工程

辛安河流域内目前仅有烟台市辛安河污水处理有限公司一家污水处理厂,污水处理厂位置见图 5-23,流域内再生水利用率较低,仍有较大开发潜力,见表 5-61。

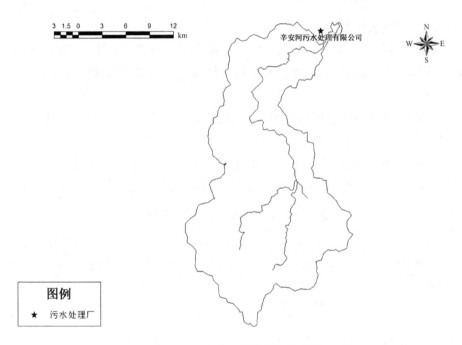

图 5-23 辛安河流域污水处理厂

表 5-61 辛安河流域污水处理厂运行现状统计表

单位名称	污水处理能力(万 t/d)	污水处理量(万 t/d)			再生水产量(万 t/d)	再生水利用率(%)
		处理生活污水量	处理工业污水量	总计		
辛安河污水处理有限公司	12.00	9.53	2.38	11.91	0.00	0

5.8.3 生态基流保障方案及保障程度分析

辛安河流域现状生态基流难以保障,河道多处断流,严重影响市容市貌,为修复河道生态环境,保障河道生态基流要求,因此,结合辛安河流域水功能区划要求,丰水年可采用增大高陵水库泄洪量并配合下游拦河闸坝蓄水以保障生态基流,枯水年时则采取下述生态补水方案补充河道生态用水。

5.8.3.1 生态补水方案

大山后橡胶坝至辛安橡胶坝段为辛安河牟平、莱山饮用水源区,水质目标为Ⅲ类水,共需补水量 39.00 万 m^3。根据水质目标要求,不宜采用污水处理厂尾水净化后补充河道生态用水,同时距河道最近海水淡化厂为万华化学海水淡化厂,距河道直线距离为 50.84 km,距离较远,采用淡化海水补充河道生态用水输水成本较高,因此不宜采用淡化海水用作生态用水。结合河道水利工程建设现状及用水现状,宜通过增加高陵水库外调水量 39.00 万 m^3,补充流域内生活及生产用水,置换部分水源用于保障河道生态用水。

5.8.3.2 闸坝优化利用

由于本研究辛安河流域生态基流控制方案分析范围定为辛安河干流自大山后橡胶坝断面以下至入海口,所以本研究只分析辛安河新添堡橡胶坝和辛安橡胶坝的优化利用。河道主要闸坝位置可见图 5-24。

图 5-24 辛安河流域主要工程位置图

本研究考虑各橡胶坝不同高度在同一河道内的组合情况,并利用水库闸坝优化利用模型和水文水动力模型模拟生态补水时,河道内闸坝最佳工况组合,使得河道内满足生态需水量时,控制河段内坝址断面水深最高。控制河道内闸坝最优高度见表5-62(注:最下游的橡胶坝的高度默认为橡胶坝坝高,表中参数仅作参考)。

表5-62 辛安河干流各月闸坝最优高度

单位:m

闸坝	月份								
	10月	11月	12月	1月	2月	3月	4月	5月	6月
新添堡橡胶坝	0.53	0.43	0.38	0.36	0.34	0.37	0.37	0.39	0.46
辛安橡胶坝	0.52	0.43	0.37	0.35	0.34	0.36	0.37	0.39	0.45

5.8.3.3 方案保障程度分析

本研究中辛安河流域生态基流保障方案对辛安河干流自大山后橡胶坝断面以下至辛安橡胶坝控制河段进行分析,该控制河段详情见表5-63。

表5-63 辛安河各控制河段详细情况

控制河段	水质目标	河段长度(km)	控制河段长度占比(%)
大山后橡胶坝至辛安橡胶坝	Ⅲ	3.40	7.72

由表5-63可知,通过本研究中辛安河流域生态基流保障方案可保障辛安河7.72%的河段生态基流,共计3.40 km。

5.9 沁水河流域

5.9.1 生态流量及补水量

由于汛期来水情况复杂多变,难以确定河道内流量状态,设定汛期结束时河道水量满足10月份生态需水要求,从10月份之后开始计算河道生态补水量,计算时需考虑河道下渗及蒸发损失。由于目前缺乏沁水河流域内水文站蒸散发资料,根据邻近原则采用邻近水文站门楼水库站多年平均蒸发值推算沁水河流域蒸发量,见表5-64。并根据邻近原则采用辛安水文站资料,构建降雨-径流模型推算沁水河流域河道下渗系数,并在此基础上计算逐月生态补水量,各控制河段逐月生态补水量见表5-65。

表 5-64　沁水河流域逐月平均蒸发量

月份	平均蒸发量(mm)
1 月	18.4
2 月	25.0
3 月	73.4
4 月	121.7
5 月	143.9
6 月	135.8
7 月	111.7
8 月	104.9
9 月	97.3
10 月	76.7
11 月	46.5
12 月	21.7

表 5-65　沁水河控制河段逐月生态补水量

| 月份 | 热电厂橡胶坝至系山橡胶坝 | |
	生态水量(万 m³)	生态补水量(万 m³)
10 月	5.25	16.86
11 月	3.17	10.22
12 月	2.42	5.23
1 月	2.00	4.88
2 月	1.81	6.16
3 月	2.36	14.72
4 月	2.30	21.72
5 月	2.69	25.98
6 月	4.95	23.45
合计	26.95	129.22

　　根据沁水河流域控制河段情况确定生态基流控制断面为牟平区东系山村南三山大桥烟威路桥国控断面,并根据第三章生态水量计算结果推求控制断面生态流量,沁水河生态基流控制断面逐月生态流量详情见表 5-66。

表 5-66　烟威路桥国控断面逐月生态流量

月份	生态流量(m³/s)
1 月	0.034 2
2 月	0.003 4
3 月	0.040 2
4 月	0.040 5
5 月	0.045 9
6 月	0.087 3
10 月	0.089 5
11 月	0.055 9
12 月	0.041 2

根据《烟台市水功能区划》报告,沁水河流域水功能区划见图 5-25。

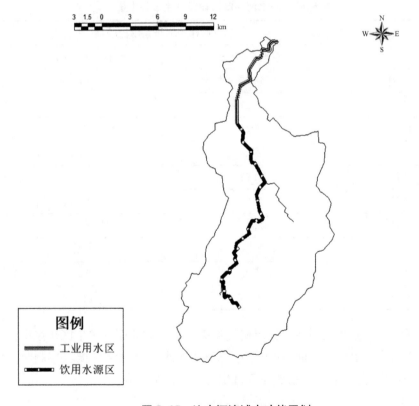

图 5-25　沁水河流域水功能区划

结合沁水河流域水功能区划,确定控制河段水功能分区及水质目标要求见表 5-67。

表 5-67 沁水河控制河段水功能分区及水质目标

控制河段	水功能区名称	水功能区划依据	水质目标
热电厂橡胶坝至系山橡胶坝	沁水河牟平工业用水区	牟平城区工业用水区、农业用水	Ⅳ

5.9.2 生态水量保障工程

5.9.2.1 河道水利工程

(1)现状水利工程

本研究中沁水河流域主要闸坝信息见表 5-68。

表 5-68 沁水河流域主要闸坝信息

闸坝名称	所在河流	坝高(m)	坝长(m)	坝顶高程(m)
一水厂橡胶坝	沁水河干流	3.00	133.20	16.00
热电厂橡胶坝	沁水河干流	3.35	146.00	8.85
系山橡胶坝	沁水河干流	2.40	175.00	3.70
金埠大街橡胶坝	沁水河干流	3.50	162.00	6.70

(2)规划水利工程

牟平区龙泉水库与沁水河水系连通工程位于山东省烟台市牟平区境内,工程起点位于龙泉水库下游成龙线附近已建龙泉水库至金山湾输水管道接口阀门井,工程终点位于沁水河东岸。本工程补水工程管线建筑物为 4 级,次要建筑物为 5 级。利用该区域内 2015 年已建的龙泉水库至金山湾输水管道,在已建管道上新建阀门井 1 座,接出一根 DN800 输水管道沿金昌路、金湾路向北铺设,至朝海路后(高速公路北),沿朝海路向西铺设管路至沁水河东岸,分作两支,利用自身的地形高差形成的压力,一支进入沁水河补充生态用水,另一支接入一水厂原水管,向一水厂供原水,管线总长 13.0 km。

5.9.2.2 海水淡化工程

牟平区无海水淡化项目,距离沁水河流域较近海水淡化设施为华能热电烟台八角电厂工程,设计运行规模为 1.8 万 t/d。

5.9.2.3 再生水利用工程

沁水河流域内目前仅有中信环境水务(烟台)有限公司一家污水处理厂,污水处理厂位置见图 5-26,流域内再生水利用率为 0,有较大开发潜力,见表 5-67。

图 5-26　沁水河流域污水处理厂

表 5-67　沁水河流域污水处理厂运行现状统计表

单位名称	污水处理量(万 t/d)			再生水产量(万 t/d)				再生水利用率(%)
	处理生活污水量	处理工业污水量	总计	工业用水	市政用水	景观用水	总计	
中信环境水务(烟台)有限公司	0.87	1.61	2.48	0.00	0.00	0.00	0.00	0

5.9.3　生态基流保障方案及保障程度分析

　　沁水河流域现状生态基流难以保障,河道多处断流,严重影响市容市貌,为修复河道生态环境,保障河道生态基流要求,因此,结合沁水河流域水功能区划要求,需向河道补充生态用水,采取不同补水方案并配合闸坝优化利用以保障不同控制河段生态基流。

5.9.3.1　生态补水方案

　　热电厂橡胶坝至系山橡胶坝段为沁水河牟平工业用水区,水质目标为Ⅳ类水,共需补水量 129.22 万 m³,距河道最近海水淡化厂为万华化学海水淡化厂,距河道直线距离为 58.93 km,距离较远,采用淡化海水补充河道生态用水输水成本较高,因此不宜采用淡化海水用作生态用水。

可采用中信环境水务(烟台)有限公司尾水经湿地净化后补充河道生态用水,由于污水处理厂收集有工业废水,作为河道补水存在一定风险,通过收水管网改造将污水处理厂收集的工业废水和生活污水分离,新建 2 万 m³/d 的中信环境水务(烟台)有限公司工业再生水厂工程处理工业废水,确保工业废水处理可以稳定达标。对现有污水处理厂进行提标改造,在污水处理厂西侧建设人工湿地处理工程,处理规模为 2 万 m³/d,建设面积为 90 亩,将两所污水处理厂尾水水质由一级 A 类提升为地表水 Ⅳ 类标准,沿沁水河两岸将湿地出水输送至热电厂橡胶坝下游,输水流量为 0.1 m³/s,补充河道生态用水。

新建补水工程主要包含收水管网改造工程、新建中信环境水务(烟台)有限公司工业再生水厂工程、人工湿地工程、中水管线工程。再生水补水工程布局见图 5-27。

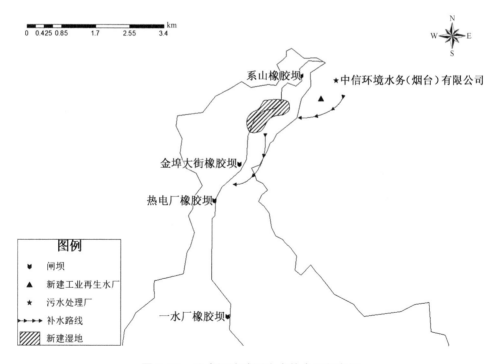

图 5-27 沁水河流域再生水补水工程布局

5.9.3.2 闸坝优化利用

由于本研究沁水河流域生态基流控制方案分析范围定为热电厂橡胶坝断面以下至系山橡胶坝,热电厂橡胶坝、金埠大街橡胶坝、系山橡胶坝共计3个橡胶坝的优化利用。河道主要闸坝位置可见图5-28。

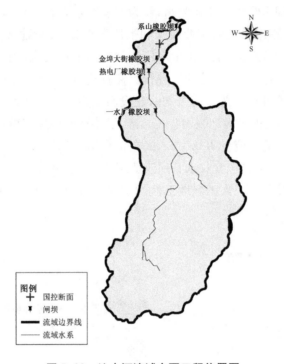

图 5-28 沁水河流域主要工程位置图

本研究考虑各橡胶坝不同高度在同一河道内的组合情况,并利用水库闸坝优化利用模型和水文水动力模型模拟生态补水时,河道内闸坝最佳工况组合,使得河道内满足生态需水量时,控制河段内坝址断面水深最高。控制河道内闸坝最优高度见表5-68(注:最下游的橡胶坝的高度默认为橡胶坝坝高,表中参数仅作参考)。

表 5-68 沁水河干流各月闸坝最优高度

单位:m

月份	10月	11月	12月	1月	2月	3月	4月	5月	6月
热电厂橡胶坝	0.85	0.66	0.58	0.53	0.50	0.57	0.57	0.61	0.83
金埠大街橡胶坝	0.51	0.40	0.35	0.32	0.30	0.34	0.34	0.37	0.50
系山橡胶坝	0.71	0.55	0.48	0.44	0.42	0.48	0.47	0.51	0.69

5.9.3.3 方案保障程度分析

本研究中沁水河流域生态基流保障方案对沁水河干流自热电厂橡胶坝断面以下至系山橡胶坝控制河段进行分析,该控制河段详情见表5-69。

表5-69 沁水河各控制河段详细情况

控制河段	水质目标	河段长度(km)	控制河段长度占比(%)
热电厂橡胶坝至系山橡胶坝	Ⅳ	8.05	21.88

由表5-69可知,通过本研究中沁水河流域生态基流保障方案可保障沁水河21.88%的河段生态基流,共计8.05 km。

5.10 泳汶河流域

5.10.1 生态流量及补水量

由于汛期来水情况复杂多变,难以确定河道内流量状态,设定汛期结束时河道水量满足10月份生态需水要求,从10月份之后开始计算河道生态补水量,计算时需考虑河道下渗及蒸发损失。由于目前缺乏泳汶河流域内水文站蒸散发资料,本研究根据邻近原则采用邻近水文站王屋水库站多年平均蒸发值推算泳汶河流域蒸发量(见表5-70)。由于没有足够的降雨、径流数据,根据邻近原则采用黄水河流域的河道下渗系数,并在此基础上构建降雨-径流模型,计算泳汶河流域逐月生态补水量,控制河段逐月生态补水量见表5-71。

表5-70 泳汶河流域逐月平均蒸发量

月份	平均蒸发量(mm)
1月	25.5
2月	33.9
3月	88.1
4月	138.2
5月	164.5
6月	156.4
7月	125.4
8月	110.5
9月	105.0
10月	85.2

月份	平均蒸发量(mm)
11 月	54.0
12 月	31.2

表 5-71 泳汶河控制河段逐月生态补水量

月份	洼西村西南侧至入海口	
	生态水量(万 m³)	生态补水量(万 m³)
10 月	1.26	13.89
11 月	0.76	9.26
12 月	0.58	5.95
1 月	0.48	5.11
2 月	0.43	6.21
3 月	0.56	15.41
4 月	0.55	21.63
5 月	0.64	26.35
6 月	1.18	28.87
合计	6.44	132.68

根据泳汶河流域控制河段情况确定生态基流控制断面为龙口市泳汶中桥南后田国控断面,并根据第三章生态水量计算结果推求控制断面生态流量,泳汶河生态基流控制断面逐月生态流量详情见表 5-72。

表 5-72 后田国控断面逐月生态流量

月份	生态流量(m³/s)
1 月	0.015 1
2 月	0.001 5
3 月	0.017 8
4 月	0.017 9
5 月	0.020 3
6 月	0.038 6
10 月	0.039 6
11 月	0.024 7
12 月	0.018 2

根据《烟台市水功能区划》报告,泳汶河流域水功能区划见图 5-29。

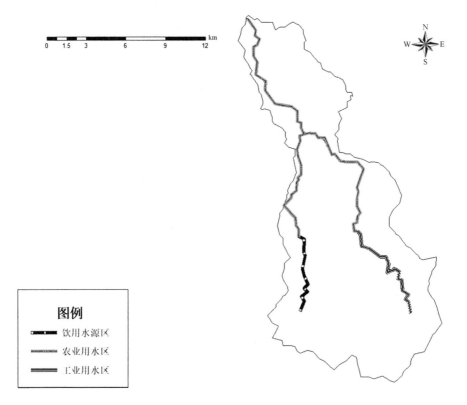

图 5-29 泳汶河流域水功能区划

结合泳汶河流域水功能区划,确定控制河段水功能分区及水质目标要求见表 5-73。

表 5-73 泳汶河控制河段水功能分区及水质目标

控制河段	水功能区名称	水功能区划依据	水质目标
洼西村西南侧至入海口	泳汶河龙口农业用水区	农业用水	V

5.10.2 生态水量保障工程

5.10.2.1 河道水利工程

泳汶河现建有中型水库 2 座,分别为迟家沟水库和北邢家水库。1960 年在北邢家修建中型水库 1 座,总库容为 1 325 万 m³,兴利库容为 608 万 m³。其主要支流为南栾河,在迟家沟建中型水库 1 座,总库容为 1 862 万 m³,兴利库容为 1 283 万 m³。

5.10.2.2　外调水工程

泳汶河流域属于龙口市境内,龙口市外调水调蓄水库为王屋水库与迟家沟水库,本流域可通过向迟家沟水库调水补充水源,龙口市年调水指标中黄河水为1 700万 m^3,长江水为1 300万 m^3,龙口市历年调水量见表5-74。

表5-74　龙口市历年调水量

年份	2014年	2015年	2016年	2017年	2018年	多年平均
调水量 (万 m^3)	1 231.00	1 804.65	1 389.00	—	267.35	1 173.00

由表5-74可知,龙口市多年平均调水量为1 173.00万 m^3,而龙口市外调水指标为3 000.00万 m^3,多年平均调水量仅占39.1%,由此可见外调水作为龙口市重要水源之一仍存在较大开发利用潜力,可充分提高市内生活、生产、生态用水的保障能力。

5.10.2.3　海水淡化工程

龙口市现已建成南山铝业海水淡化厂,日处理能力为3.30万 t,并规划建设龙口市裕龙岛海水淡化厂,设计运行能力为12.50万 t/d。

5.10.2.4　再生水利用工程

(1)污水处理厂现状

据统计,泳汶河流域内现运行污水处理厂共3处,分别为龙口市第二污水处理厂、南山世纪花园污水处理厂、泳汶河污水处理厂,总设计污水处理量为9.00万 t/d,实际污水处理量为2.08万 t/d,总再生水产量为0.00万 t/d,流域内再生水利用有较大开发潜力。泳汶河流域污水处理厂运行现状见表5-75。

表5-75　泳汶河流域污水处理厂运行现状统计表

单位名称	设计处理能力 (万 t/d)	实际处理能力 (万 t/d)	再生水产量 (万 t/d)	再生水利用率 (%)
龙口市第二污水处理厂	2.00	1.48	0.00	0
南山世纪花园污水处理厂	1.00	0.60	0.00	0
泳汶河污水处理厂	6.00	—	—	—
合计	9.00	2.08		

(2)泳汶河生态湿地工程

龙口市泳汶河生态湿地工程位于龙口市泳汶河东岸、洼西村西南,处理规模为4万 m^3/d,占地面积约为168亩,其中潜流湿地区占地面积约为100亩,表面流湿地区占地面积约为 50 亩。工程对泳汶河污水处理厂外排水进行深度处理,可将污水厂出水水质由一级 A 标准提高至准 V 类水标准。

5.10.3　生态基流保障方案及保障程度分析

结合泳汶河流域水功能区划要求及流域现状,丰水年时可增大迟家沟水库或北邢家水库泄洪量并配合下游拦河闸坝蓄水保障河道生态用水,枯水年时则采取下述生态补水方案补充河道生态用水。

5.10.3.1　生态补水方案

洼西村西南侧至入海口段为泳汶河龙口农业用水区,水质目标为 V 类水,共需补水量 132.68 万 m³,由于水质目标要求较低且流域内用水现状紧张,不宜采用水库放水补充河道生态用水需求,同时距河道最近海水淡化厂为龙口市裕龙岛海水淡化厂,距河道直线距离为 4.62 km,距离较远,采用淡化海水补充河道生态用水输水成本较高,因此采用泳汶河污水处理厂尾水经 4 万 m³/d 提升泵站提升至泳汶河东岸、洼西村西南泳汶河生态湿地,经泳汶河生态湿地净化后排入控制河段补充生态用水。

5.10.3.2　方案保障程度分析

本研究中泳汶河流域生态基流保障方案控制河段详情见表 5-76。

表 5-76　泳汶河控制河段详细情况

控制河段	水质目标	河段长度(km)	控制河段长度占比(%)
洼西村西南侧至入海口	V	4.50	11.84

由表 5-76 可知,通过本研究中泳汶河流域生态基流保障方案可保障泳汶河 11.84% 的河段生态基流,共计 4.50 km。

5.11　龙山河流域

5.11.1　生态流量及补水量

由于汛期来水情况复杂多变,难以确定河道内流量状态,设定汛期结束时河道水量满足 10 月份生态需水要求,从 10 月份之后开始计算河道生态补水量,计算时需考虑河道下渗及蒸发损失。由于目前缺乏龙山河流域内水文站蒸散发资料,本研究根据邻近原则采用邻近水文站王屋水库站多年平均蒸发值推算龙山河流域蒸发量(见表 5-77)。由于没有足够的降雨、径流数据,根据邻近原则采用黄水河流域的河道下渗系数,并在此基础上构建降雨、径流模型,计算龙山河流域逐月生态补水量,控制河段逐月生态补水量见表5-78。

表5-77 龙山河流域逐月平均蒸发量

月份	平均蒸发量(mm)
1月	25.5
2月	33.9
3月	88.1
4月	138.2
5月	164.5
6月	156.4
7月	125.4
8月	110.5
9月	105.0
10月	85.2
11月	54.0
12月	31.2

表5-78 龙山河控制河段逐月生态补水量

月份	战山水库至入海口	
	生态水量(万 m³)	生态补水量(万 m³)
10月	1.92	6.66
11月	1.77	4.44
12月	1.22	2.85
1月	1.09	2.45
2月	1.11	3.03
3月	1.15	6.98
4月	1.26	10.67
5月	1.84	13.91
6月	3.49	16.32
合计	14.85	67.31

根据龙山河流域控制河段情况确定生态基流控制断面为蓬莱市安香寺桥大

皂孙家国控断面,并根据第三章生态水量计算结果推求控制断面生态流量,龙山河生态基流控制断面逐月生态流量详情见表5-79。

表5-79 大皂孙家国控断面逐月生态流量

月份	生态流量(m³/s)
1月	0.011 5
2月	0.001 3
3月	0.012 2
4月	0.013 7
5月	0.019 5
6月	0.038 1
10月	0.020 3
11月	0.019 3
12月	0.012 8

根据《烟台市水功能区划》报告,龙山河流域水功能区划见图5-30。

图5-30 龙山河流域水功能区划

结合龙山河流域水功能区划,确定控制河段水功能分区及水质目标要求见表5-80。

表5-80　龙山河控制河段水功能分区及水质目标

控制河段	水功能区名称	水功能区划依据	水质目标
战山水库至入海口	龙山河蓬莱农业用水区	农业用水	V

5.11.2　生态水量保障工程

5.11.2.1　河道水利工程

龙山河现建有中型水库1座,为战山水库。战山水库位于蓬莱市刘家镇杏林村东龙山河上游,控制流域面积为79 km²,总库容为4 100万 m³,兴利库容为1 515万 m³。目前该水库是蓬莱城区用水的主要水源地,设计供水能力为1.8万 t/d。

5.11.2.2　外调水工程

龙山河流域属于蓬莱市境内,蓬莱市外调水调蓄水库为邱山水库与战山水库,本流域可通过向战山水库调水补充水源,蓬莱市年调水指标中黄河水为1 500.00万 m³,长江水为1 200.00 万 m³,蓬莱市历年调水量见表5-81。

表5-81　蓬莱市历年调水量

年份	2014 年	2015 年	2016 年	2017 年	2018 年	多年平均
调水量（万 m³）	800.00	482.01	881.00	513.22	877.74	710.79

由表5-81可知,蓬莱市多年平均调水量为710.79万 m³,而蓬莱市外调水指标为2 700.00 万 m³,多年平均调水量仅占26.33%,由此可见外调水作为蓬莱市重要水源之一仍存在较大开发利用潜力,可充分提高市内生活、生产、生态用水的保障能力。

5.11.2.3　海水淡化工程

蓬莱市无海水淡化设施,距离龙山河流域较近海水淡化设施为规划的蓬莱中核海水淡化厂,规划设计运行能力为10.00 万 t/d。

5.11.2.4　再生水利用工程

据统计,龙山河流域内现运行污水处理厂为蓬莱市碧海污水处理有限公司,设计污水处理量为4.00 万 t/d,实际污水处理量为3.27 万 t/d,再生水产量为0.07万 t/d,再生水利用率为2.14%,流域内再生水利用有较大开发潜力。龙山河流域污水处理厂运行现状见表5-82。

表 5-82 龙山河流域污水处理厂运行现状统计表

单位名称	污水处理能力（万 t/d）	污水处理量（万 t/d）			再生水产量（万 t/d）				再生水利用率（%）
		处理生活污水量	处理工业污水量	总计	工业用水	市政用水	景观用水	总计	
蓬莱市碧海污水处理有限公司	4.00	2.62	0.65	3.27	0.00	0.07	0.00	0.07	2.14

5.11.3 生态基流保障方案及保障程度分析

结合龙山河流域水功能区划要求及流域现状，丰水年时可增大战山水库泄洪量并配合下游拦河闸坝蓄水保障河道生态用水，枯水年时则采取下述生态补水方案补充河道生态用水。

5.11.3.1 生态补水方案

战山水库至入海口段为龙山河蓬莱农业用水区，水质目标为 V 类水，共需补水量 67.31 万 m³，宜在战山水库分水口处增加外调水分水量 67.31 万 m³，补充流域内生活及生产用水，置换部分水源用于保障河道生态用水。若流域内用水紧张可采用蓬莱市碧海污水处理有限公司尾水经二次净化后排入河道补充生态用水，由于蓬莱市碧海污水处理有限公司收集有工业污水，为防止尾水污染河道，建议进行收水管网改建工程将工业废水与生活污水分离，并将处理后生活污水排入湿地进行二次净化，提标至地表水 V 类标准后，再排入河道补充生态用水，规划湿地面积为 135 亩，设计净化能力为 3 万 m³/d。

5.11.3.2 方案保障程度分析

本研究中龙山河流域生态基流保障方案控制河段详情见表 5-83。

表 5-83 龙山河控制河段详细情况

控制河段	水质目标	河段长度（km）	控制河段长度占比（%）
战山水库至入海口	V	7.43	35.38

由表 5-83 可知，通过本研究中龙山河流域生态基流保障方案可保障龙山河 35.38% 的河段生态基流，共计 7.43 km。

5.12 平畅河流域

5.12.1 生态流量及补水量

由于汛期来水情况复杂多变,难以确定河道内流量状态,设定汛期结束时河道水量满足 10 月份生态需水要求,从 10 月份之后开始计算河道生态补水量,计算时需考虑河道下渗及蒸发损失。由于目前缺乏平畅河流域内水文站蒸散发资料,本研究根据邻近原则采用邻近水文站门楼水库站多年平均蒸发值推算平畅河流域蒸发量(见表 5-84)。由于没有足够的降雨、径流数据,根据邻近原则采用大沽夹河流域的河道下渗系数,并在此基础上构建降雨、径流模型,计算平畅河流域逐月生态补水量,控制河段逐月生态补水量见表 5-85。

表 5-84 平畅河流域逐月平均蒸发量

月份	平均蒸发量(mm)
1 月	18.4
2 月	25.0
3 月	73.4
4 月	121.7
5 月	143.9
6 月	135.8
7 月	111.7
8 月	104.9
9 月	97.3
10 月	76.7
11 月	46.5
12 月	21.7

表 5-85　平畅河控制河段逐月生态补水量

月份	淳于至入海口	
	生态水量（万 m³）	生态补水量（万 m³）
10 月	6.09	20.45
11 月	3.68	8.92
12 月	2.81	3.21
1 月	2.33	2.25
2 月	2.10	4.02
3 月	2.74	23.76
4 月	2.67	53.38
5 月	3.13	74.08
6 月	5.75	76.10
合计	31.30	266.17

根据平畅河流域控制河段情况确定生态基流控制断面为蓬莱市平畅河入海口国控断面,并根据第三章生态水量计算结果推求控制断面生态流量,平畅河生态基流控制断面逐月生态流量详情见表 5-86。

表 5-86　平畅河入海口国控断面逐月生态流量

月份	生态流量（m³/s）
1 月	0.027 3
2 月	0.002 7
3 月	0.032 0
4 月	0.032 3
5 月	0.036 6
6 月	0.069 5
10 月	0.071 3
11 月	0.044 6
12 月	0.032 9

根据《烟台市水功能区划》报告,平畅河流域水功能区划见图 5-31。

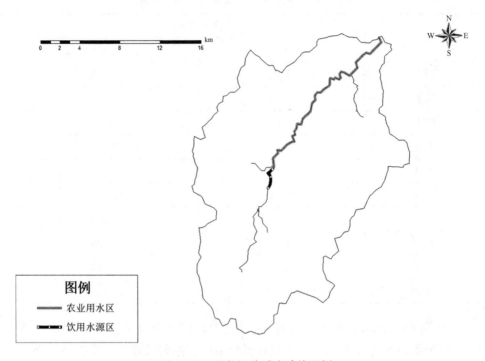

图例
—— 农业用水区
▬◇▬ 饮用水源区

图 5-31　平畅河流域水功能区划

结合平畅河流域水功能区划,确定控制河段水功能分区及水质目标要求见表 5-87。

表 5-87　平畅河控制河段水功能分区及水质目标

控制河段	水功能区名称	水功能区划依据	水质目标
淳于至入海口	平畅河蓬莱农业用水区	农业用水	V

5.12.2　生态水量保障工程

5.12.2.1　河道水利工程

平畅河现建有 1 座中型水库,为邱山水库。邱山水库位于蓬莱市崮寺店镇四甲村平畅河上游,控制流域面积为 79 km²,总库容为 3 100.00 万 m³,兴利库容为 1 770.00 万 m³。目前该水库与战山水库串联向蓬莱城区供水。

5.12.2.2　外调水工程

平畅河流域属于蓬莱市境内,蓬莱市外调水调蓄水库为邱山水库与战山水库,本流域可通过向邱山水库调水增加补给水量。蓬莱市年调水指标中黄河水为 1 500.00 万 m³,长江水为 1 200.00 万 m³,蓬莱市历年调水量见表 5-88。

表 5-88　蓬莱市历年调水量

年份	2014 年	2015 年	2016 年	2017 年	2018 年	多年平均
调水量(万 m³)	800.00	482.01	881.00	513.22	877.74	710.79

由表 5-88 可知,蓬莱市多年平均调水量为 710.79 万 m³,而蓬莱市外调水指标为 2 700.00 万 m³,多年平均调水量仅占 26.33%,由此可见外调水作为蓬莱市重要水源之一仍存在较大开发利用潜力,可充分提高市内生活、生产、生态用水的保障能力。

5.12.2.3　海水淡化工程

距离平畅河流域较近的海水淡化设施为华能热电烟台八角电厂,华能热电烟台八角电厂设计运行能力为 1.80 万 t/d,实际运行能力为 1.20 万 t/d。

5.12.2.4　再生水利用工程

据统计,平畅河流域内现运行污水处理厂有 2 处,为潮水镇污水处理厂、烟台新城污水处理有限公司。总污水处理量为 4.76 万 t/d,总再生水产量为 0.00 万 t/d,流域内再生水利用率较低,仍有较大开发潜力。平畅河流域污水处理厂运行现状见表 5-89。

表 5-89　平畅河流域污水处理厂运行现状统计表

单位名称	污水处理量(万 t/d)			再生水产量 (万 t/d)	再生水利用率 (%)
	处理生活 污水量	处理工业 污水量	总计		
潮水镇污水处理厂	0.33	0.06	0.39	0.00	0
烟台新城污水处理有限公司	0.87	3.50	4.37	0.00	0
合计	1.20	3.56	4.76	0.00	0

5.12.3　生态基流保障方案及保障程度分析

结合平畅河流域水功能区划要求及流域现状,丰水年时可增大邱山水库泄洪量并配合下游拦河闸坝蓄水保障河道生态用水,枯水年时则采取下述生态补水方案补充河道生态用水。

5.12.3.1　生态补水方案

淳于至入海口段为平畅河蓬莱农业用水区,水质目标为 V 类水,共需补水量

266.17万 m³,由于流域内现有污水处理厂多处理工业废水,采用污水厂尾水净化后补充河道生态用水会污染地下水源,且华能热电烟台八角电厂距河道直线距离为15.63 km,距离较远,采用淡化海水输水补充河道成本较高,因此宜在邱山水库分水口处增加外调水分水量266.17万 m³,补充流域内生活及生产用水,置换部分水源用于保障河道生态用水。

5.12.3.2　方案保障程度分析

本研究中平畅河流域生态基流保障方案控制河段详情见表5-90。

表 5-90　平畅河控制河段详细情况

控制河段	水质目标	河段长度(km)	控制河段长度占比(%)
淳于至入海口	V	8.93	31.89

由表5-90可知,通过本研究中平畅河流域生态基流保障方案可保障平畅河31.89%的河段生态基流,共计8.93 km。

5.13　大沽河流域

5.13.1　生态流量及补水量

由于汛期来水情况复杂多变,难以确定河道内流量状态,设定汛期结束时河道水量满足10月份生态需水要求,从10月份之后开始计算河道生态补水量,计算时需考虑河道下渗及蒸发损失。由于目前缺乏大沽河流域内水文站蒸散发资料,本研究根据邻近原则采用邻近水文站王屋水库站多年平均蒸发值推算大沽河流域蒸发量(见表5-91),由于没有足够的降雨、径流数据,根据邻近原则采用黄水河流域的河道下渗系数,并在此基础上构建降雨-径流模型,计算大沽河流域逐月生态补水量,控制河段逐月生态补水量见表5-92。

表 5-91　大沽河流域逐月平均蒸发量

月份	平均蒸发量(mm)
1月	18.4
2月	25.0
3月	73.4

月份	平均蒸发量(mm)
4 月	121.7
5 月	143.9
6 月	135.8
7 月	111.7
8 月	104.9
9 月	97.3
10 月	76.7
11 月	46.5
12 月	21.7

表 5-92　大沽河控制河段逐月生态补水量

月份	城子水库至出境口	
	生态水量(万 m³)	生态补水量(万 m³)
10 月	4.72	6.77
11 月	4.34	4.51
12 月	2.98	2.90
1 月	2.68	2.49
2 月	2.72	3.38
3 月	2.83	7.90
4 月	3.08	12.68
5 月	4.53	24.71
6 月	8.57	46.21
合计	36.45	111.55

　　根据大沽河流域控制河段情况确定生态基流控制断面为臧家村断面,并根据第三章生态水量计算结果推求控制断面生态流量,大沽河生态基流控制断面逐月生态流量详情见表 5-93。

表 5-93 马连庄国控断面逐月生态流量

月份	生态流量(m³/s)
1月	0.085 1
2月	0.009 6
3月	0.089 9
4月	0.101 1
5月	0.143 6
6月	0.281 0
10月	0.149 8
11月	0.142 2
12月	0.094 6

根据《烟台市水功能区划》报告,大沽河流域水功能区划见图 5-32。

图 5-32 大沽河流域水功能区划

结合大沽河流域水功能区划,确定控制河段水功能分区及水质目标要求见表 5-94。

表 5-94　大沽河控制河段水功能分区及水质目标

控制河段	水功能区名称	水功能区划依据	水质目标
城子水库至出境口	大沽河招远饮用水源区	招远城区水源地	Ⅲ

5.13.2　生态水量保障工程

5.13.2.1　河道水利工程

大沽河流域建有中型水库 2 座,即城子水库、勾山水库,小(1)型水库 16 座、小(2)型水库 93 座,总库容为 14 901.0 万 m^3,净控制流域面积为 444.47 km^2。

城子水库主体工程于 1958 年 5 月动工兴建,当年建成拦洪蓄水工程,灌渠工程于 1959 年开工,1960 年完工并开始发挥效益。2000 年进行了全面除险加固。2016 年 11 月进行了大坝安全鉴定,鉴定结论为"三类坝"。

勾山水库于 2013 年进行了除险加固,加固后,正常运用洪水标准为 100 年一遇,非常运用洪水标准调整为 2 000 年一遇,兴利库容为 1 680.0 万 m^3,总库容为 4 821.8 万 m^3。

5.13.2.2　海水淡化工程

招远市无海水淡化工程,距离大沽河流域较近海水淡化设施为莱州华电海水淡化厂,设计运行能力为 10.00 万 t/d。

5.13.2.3　再生水利用工程

据统计,大沽河流域内现运行污水处理厂为夏甸镇污水处理厂,设计污水处理量为 0.03 万 t/d,实际污水处理量为 0.01 万 t/d,再生水产量为 0.00 万 t/d。流域内污水处理量较低,再生水利用潜力较小,大沽河流域污水处理厂运行现状见表 5-95。

表 5-95　大沽河流域污水处理厂运行现状统计表

单位名称	污水处理量(万 t/d)			再生水产量(万 t/d)				再生水利用率(%)
	处理生活污水量	处理工业污水量	总计	工业用水	市政用水	景观用水	总计	
夏甸镇污水处理厂	0.01	0.00	0.01	0.00	0.00	0.00	0.00	0

5.13.3　生态基流保障方案及保障程度分析

5.13.3.1　生态补水方案

城子水库至出境口段为大沽河招远饮用水源区,水质目标为Ⅲ类水,共需补水 111.55 万 m³,由于大沽河流域招远段地处流域上游地区,内无外调水调蓄水库,无法采用外调水进行水源置换补充河道用水,且流域内污水处理量较低,采用再生水不足以补充河道生态用水,莱州华电海水淡化厂距河道直线距离为45.86 km,距离较远,采用淡化海水输水补充河道成本较高。补水方案为:丰水年,可通过城子水库和勾山水库增加下泄水量保证河道生态需水。城子水库加固时应考虑生态库容,预留生态水量,并建议在城子水库下游段酌情修建 1～2 处拦河闸坝,增加河道拦蓄水量以保障河道生态用水。

5.13.3.2　方案保障程度分析

本研究中大沽河流域生态基流保障方案控制河段详情见表 5-96。

表 5-96　大沽河控制河段详细情况

控制河段	水质目标	河段长度(km)	控制河段长度占比(%)
城子水库至出境口	Ⅲ	21.06	11.77

由于本河道没有外调水进行补源,再生水、海水可利用困难,因此,生态保障程度提高较难。

5.14　对其他行业用水影响分析

本研究中各流域生态补水所用水源分为丰水年及枯水年两种情况,丰水年除沁水河和东村河外均可采用增大水库泄洪量并配合下游闸坝拦蓄进行生态补水,枯水年各流域所用生态补水均为再生水及水库放水。

根据烟台市外调水分配额度及各流域历年实际调水情况分析,各流域外调水均存在较大开发利用潜力,在外调水各调蓄水库新增部分分水量可保障流域内生产及生活用水,以此置换各流域内现状生产及生活用水可充分保障大沽夹河流域、黄水河流域、王河流域、辛安河流域和平畅河流域控制河段生态用水。

大沽夹河流域永福园橡胶坝至宫家岛橡胶坝段、五龙河流域、东村河流域、界河流域、泳汶河流域、沁水河流域和龙山河流域采用污水处理厂尾水经湿地二次净化后排入河道补充河道生态用水。

各流域所用补水水源均为满足生态补水的要求而额外增加的供水,并无其他用途。因而未占用其他行业用水,不影响其他行业的正常发展。

第六章 | 水生态监测

6.1 水生态监测的意义

水生态监测是指运用科学的方法对环境水因子进行监控、测量、分析以及预警等的一个复杂而全面的系统工程,通过对水文、水生生物、水质等水生态要素的监测和数据收集,分析评价水生态的现状和变化,为水生态系统保护与修复提供依据。水生态监测的目标是了解、分析、评价水体的生态状况和功能。

由于水环境问题日益突出,人们既需要熟练地掌握基本的水生态知识,又需要对水生态的运作发展规律熟练掌握,而水生态监测技术就可以有效满足人们的需求。若要充分了解水生态环境的状况,需要合理地运用水生态监测技术。

水生态监测是为合理开发利用和保护水土资源提供系统水文水环境资料的一项重要基础工作,是水生态、水资源、水安全科学管理和保护的基础。通过对河流进行水生态监测,能够及时、准确、全面地反映水体环境质量现状及发展趋势,为水生态文明建设、水生态修复、水资源规划、水污染防治、生态预警等提供科学依据。

6.2 水生态监测内容及方法

6.2.1 水生态监测内容

一般来说,水生态监测涵盖了水文、水质监测和生态(生物)监测。

6.2.1.1 水文监测

水文监测主要监测河流水文形态要素,主要包括:水文状况,主要指水位、流量监测;形态情况,主要指河流的深度与宽度的变化,河床结构与底层以及河岸地带的结构等。

烟台市水文监测依托现有河道上、水库的水文站进行监测,之后可根据监测需要及实际情况进行增设。

6.2.1.2　水质监测

河流水质监测对象主要包括：①总体情况，主要指热状况、氧化状况、盐度、酸化状况、营养状态等；②特定污染物，主要指由排入水体中的所有重点物质造成的污染，以及由大量排入水体中的其他物质造成的污染等，水质的监测指标有：水温、pH、氯化物、硫酸根离子（SO_4^{2-}）、硝酸根（NO_3^-）、化学需氧量（COD）、溶解氧（DO）、五日生化需氧量（BOD_5）、氨氮、氟化物、硒、砷、汞、铜、铅、锌、镉、锰、挥发酚、氰化物、总氮（TN）、总磷（TP）、硫化物、石油类、阴离子表面活性剂、粪大肠菌群 26 项。

烟台市水质监测依托现有河道上的水质监测站进行监测，之后可根据检测需要及实际情况进行增设。

6.2.1.3　水生生物监测

目前国内外监测工作中涉及的水生生物主要包括浮游生物、底栖动物、水生植物、着生藻类和鱼类，与国际上水生态监测内容相一致，符合水生态监测的认识与发展过程。浮游生物在水库营养结构中起着重要的作用，对水域生产性能具有决定性的意义。底栖动物是水生态系统中最重要的定居动物代表类群之一，影响着水生态系统中的物质分解和营养循环，其多样性程度可以间接反映水生态系统功能的完整性。鱼类能在绝大多数水生态系统中生存，可以反映流域尺度较为全面和详细的水生态系统信息，且其形态特征易于鉴定；其次大多数鱼类生活史较长，对各方面的压力敏感，当水体特征发生改变时，鱼类个体在形态、生理和行为上会产生相应的反应。

烟台市河流水生生物监测目前未开展，可根据检测需要及实际情况进行增设河流水生生物监测点。

6.2.2　水生态监测方法

6.2.2.1　常规监测和水质自动监测

水环境监测，一般根据需要采取常规监测和水质自动监测有机结合的方式。常规监测研究包括必测指标、选测指标和特定指标，如高锰酸盐指数、电导率、生化需氧量等，监测工作执行国家《地表水环境质量标准》（GB 3838—2002）中规定的标准方法。水质自动监测研究包括 7 个必测指标和 14 个选测指标，如 pH、水温、总磷、总氮等，监测方法采用国家生态环境部、美国环保署（EPA）以及欧盟（EU）认可的仪器分析方法，并按照国家环境保护部批准的水质自动监测技术规范进行。

6.2.2.2　遥感监测

尽管常规的点位采样方法提供了较精确的水质测量值,但耗时长且难以有效进行空间尺度的描述,在大面积水域(如湖泊、水库)水质监测中不具有明显优势。例如,对于片状分布的水体叶绿素 a,仅用船舶进行采样分析的结果让人难以信服,还需要遥测手段来辅助。新兴的卫星遥感技术结合传统原位测量是进行水生态系统空间监测分析的有效方法。水体及其污染物质的光谱特性是利用遥感信息进行水质监测与评价的依据,这一技术也对监测工作人员提出更高的要求。

6.2.2.3　生物监测

水生态系统生物监测的生物完整性指数是目前水生态系统研究中应用最广泛的指标之一,可定量描述生物特性与人类干扰之间的关系,且该指数对干扰反应敏感。生物完整性指数最初的研究对象为鱼类,用鱼类群落的物种丰富度、种类组成、指示种的数量及丰度、营养结构、繁殖生态和鱼体健康状况等特征来指示温暖、激流水体的生物完整性,目前研究对象还包括底栖动物、浮游生物、附着生物等。生物完整性指数与标准的研究步骤包括:①提出候选指标;②每种生物指标值以及生物完整性指数的计算;③通过对指数值分布范围、相关关系和判别能力的分析,建立评价指标体系。研究表明,生物完整性评价方法完全适用于淡水生态系统监测与健康评价领域。

生态系统完整性评价指标涉及多学科、多领域,因而种类、研究繁多,一个有价值的指标应该具有以下部分或全部特征:①在生态系统里是具有意义的,并且与一些重要的环境过程和生态系统概念密切相关;②对环境变化的响应能提供早期预警;③综合性;④能够直接揭示变化机制而不是简单地预示变化的存在;⑤普遍性,对各种不同的群落都有指示意义;⑥能够有效地节省成本;⑦简单且容易测度。

（1）鱼类

鱼类在各个空间尺度上对生境质量的变化比较敏感,而且具有迁移性,更是衡量栖息地连通性的理想指标。在时间尺度上,鱼类的生命历程记载了环境的变化过程。在渔业和水产养殖管理中,将鱼类当作水质的指标也有着悠久的历史。因此,通常根据鱼类群落的组成与分布、物种多度以及敏感种、耐受种、土著种和外来种等指标的变化来评价水体生态系统的完整性。不同地区拥有不同的河流以及它们特有的鱼类群落。目前,鱼类生物完整性指数已被广泛应用于河流生态与环境基础科学研究、水资源管理等。

（2）底栖无脊椎动物

底栖动物群落的结构和动态是理解水生态系统现状和演变过程的关键所

在。因此,在水质评估中,底栖无脊椎动物是最广泛应用的指示生物,评价方法主要有类群丰富度、物种丰富度、物种多度、优质度、功能摄食类群和经度地带性分布模式,其中类群丰富度随着水质的恶化而减少。底栖动物完整性指数评价体系的建立主要包括5个步骤:①样点数据资料收集;②候选参数选用;③参数筛选;④评价量纲的统一;⑤底栖动物完整性指数的验证与修订。

(3)藻类

藻类是天然水体的重要成分,可以存活在绝大多数水环境条件下,具有种类多、分布广的特点,且对水环境条件变化很敏感,在判别水体污染程度、评价水体富营养状态等方面具有广泛的应用价值。硅藻是一种光自养型藻类,为天然水体的重要成分。由于硅藻对水体离子含量、pH、溶解性有机物质以及营养盐的变化十分敏感,近30年来,大量以硅藻为指示生物的研究成果应用于评估水体营养物富集、盐碱化和酸化等方面。与此同时,相关的指数方法相继被提出并不断改进,如特殊污染敏感指数、水生环境腐殖度指数、生物硅藻指数、硅藻属指数、富营养化硅藻指数等。

(4)其他生物

水生态生物监测的指示生物还有细菌、原生动物、水生植物等,这些指标都有其各自的优势,但也有其先天的不足。例如,利用底栖无脊椎动物进行水生态监测具有种类多、栖息地相对固定、对干扰反应敏感、定性采样简单、采样设备简易等优点,但同时具有定量采样分析困难、采样时对底质有要求、物种可能会在流动的水体中漂移等缺陷,使分析结果产生偏差。因此,有研究者建议,在利用生物完整性指数监测与评价水体健康时,可考虑采用多个生物集合群来进行综合评价。

6.3　烟台市典型流域水生态监测

6.3.1　生态监测指标断面布设

6.3.1.1　生态监测指标断面布设原则

生态监测指标断面布设原则主要有以下5点。

(1)全面性:监测点可以在宏观上较全面地反映生态交错带的整体状况。

(2)代表性:根据监测区域的生态地理环境特征,使所选择的取样点和取样地具有代表性。同时,应尽可能利用少的点位获取最具有代表性的生态系统状况信息。

（3）可达性：设置点位时应充分考虑实际监测的可操作性和方便性。

（4）相对稳定性：设置点位时不仅要反映生态系统现状，还要反映生态系统长期变化趋势，因此，点位设置后，不能随意改动。

（5）统一性：在监测区域内，应充分考虑其生态完整性，统一布设监测点位，再根据实际需要，分不同时间段进行监测。

6.3.1.2 典型流域生态监测指标断面布设

根据以上布设原则及已掌握的河流状况，在烟台市各典型流域选择 31 个监测断面，其中大沽夹河流域 6 个；五龙河流域 4 个；黄水河流域、王河流域、界河流域、沁水河流域各 3 个；东村河流域、辛安河流域各 2 个；大沽河流域、平畅河流域、龙山河流域、泳汶河流域、黄金河流域各 1 个。各流域断面见表 6-1。

表 6-1　烟台市各典型流域监测断面

序号	流域名称	断面名称
1	大沽夹河流域	新夹河大桥（国控断面）、福山水文站、臧格庄水文站、门楼水库水文站、陌堂橡胶坝断面、回里橡胶坝断面
2	五龙河流域	沐浴水库水文站、团旺水文站、濯村拦河闸断面、桥头（国控断面）
3	黄水河流域	黄河营拦河闸断面、烟潍路桥（国控断面）、王屋水库水文站
4	王河流域	西由街西闸断面、过西橡胶坝断面、王河东周大闸断面
5	东村河流域	入海口橡胶坝断面、东村河入海口（国控断面）
6	界河流域	界河入海口（国控断面）、金泉河 8 号橡胶坝断面、金泉河 7 号橡胶坝断面
7	辛安河流域	辛安河入海口（国控断面）、新添堡橡胶坝断面
8	沁水河流域	系山橡胶坝断面、烟威路桥（国控断面）、一水厂橡胶坝断面
9	大沽河流域	马连庄（国控断面）
10	平畅河流域	平畅河入海口（国控断面）
11	龙山河流域	大皂孙家（国控断面）
12	泳汶河流域	后田（国控断面）
13	黄金河流域	黄金河入海口

6.3.2　生态监测指标分析方法及监测频次

烟台市各典型流域生态监测指标主要分为 3 类，分别为水文监测、水质监测、生物监测，监测内容、监测频次与监测方法见表 6-2。

表6-2　烟台市各典型流域生态监测指标

监测类型	监测内容	监测频次	监测方法
水文监测	水文要素：水位、流量、含沙量等	一月两次	监测等采用巡测；对重要站点的流量也可利用自动测报系统。测验也可根据实际情况及安全条件按驻测、巡测及自动测报相结合的方式进行
	形态情况：河流的深度与宽度的变化、河床结构与底层以及河岸地带的结构等	一月一次	
水质监测	总体情况：热状况、氧化状况、盐度、酸化状况、营养状态等	一月一次	对重要站点以设置水质自动监测站为主，其他站点采用移动实验室开展巡测
	特定污染物：水温、pH、化学需氧量（COD）、溶解氧（DO）、氨氮、总磷（TP）等	一月两次	
生物监测	浮游生物、底栖动物、藻类	一季一次	可使用IBI（生物完整性指数）法对河流中的水生生物进行监测。IBI是定量描述人类活动与生物特性之间关系的一种方法，其通过计算和筛选若干个对人类干扰较为敏感的生物参数，用以表征生态系统的健康状况
	水生植物、鱼类	一年一次	

6.4　水生态监测类型

根据生态基流保障方案，监测有以下几种类型。

（1）基线监测，指在方案执行之初，对于烟台市主要流域的生态要素实施的调查与监测，目的在于为方案完工后监测生态变化提供基准。

（2）方案有效性监测，评估烟台市生态基流保障方案完工后是否达到预期目标。

（3）生态演变趋势监测，考虑生态演变的长期性，监测研究的长期影响。烟台市生态基流保障方案实施后，可对方案实施区域进行长期监测。

各监测类型的目的、任务及作用见表6-3。

表6-3　监测类型的目的、任务及作用

监测类型	目的	任务	作用
基线监测	监测该区的水文、水质及水生生物现状	在方案实施之前调查该区水文、水质及水生生物现状，并收集数据	为方案的有效性提供本底值

监测类型	目的	任务	作用
方案有效性监测	确定方案预期效果的达标程度	生态要素(水文、水质等)及其导致的生物相响应	方案验收;方案绩效评估;提出管理措施;改善生态管理
生态演变趋势监测	确定河流与水生生物的变化,预测未来演变趋势	监测水生态系统的长期变化,预测未来水生态系统的演变趋势	改善生态管理;科学研究

6.5 水生态监测设计方法

(1)前后对比设计法和综合设计法

水生态监测通常采用的方法是前后对比设计法,即监测并对比方案实施前后的生态参数,借以评估方案的有效性。前后对比设计法的监测范围设定在实施方案现场位置。前后对比设计法的缺点是仅仅提供了区域在实施方案前后的生态参数,进行时间坐标上的对比评估,但是缺少空间坐标上生态参数的对比评估。烟台市各主要流域在实施生态基流保障措施前,可对各流域的生态参数进行监测,作为方案实施后的对比。

在分析监测数据时,对于如何考虑方案过程中自然力作用的影响,以及如何考虑时间易变性问题,研究者提出了综合设计法。综合设计法要求既要监测评估方案实施前后的生态参数,又要监测评估同一时段不实施方案的参照区的生态参数。可以认为,综合设计法是对前后对比设计法的完善与补充。烟台市各主要流域在实施生态基流保障措施前,可选择一些在生态特性方面与方案实施区域具有一定相似性的河段进行参照,从而确定生态基流保障方案的效果。

(2)扩展修复后设计法

许多方案实施前无法进行生态调查,即无法收集生态要素数据,在此条件下实施扩展修复后设计法是可行的。扩展修复后设计法要求选择合适的参照河段,参照河段与研究实施前河段在生态特性方面具有相似性,包括水文、水质、生物等要素。扩展修复后设计法通常在同一河流上选择参照河段,这是因为同一河流与其他河流相比更具有典型相似性。通常选取的参照河段位于方案实施河段上游。

扩展修复后设计法选取多种不同位置的参照河段与相匹配的方案实施河段进行多项参数监测,扩展修复后设计法要求,不但方案实施河段与参照河段是对应的,而且采样位置是匹配的,且采样参数是成对的。依照扩展修复后设计法,在方案实施后,方案实施区和参照区同步开始监测。监测的目的是通过分析参照区与方案实施区参数(物理类和生物类)的差别(用比值或差值表示),确认方案效果,借以评估方案的有效性。

在烟台市主要流域生态基流保障方案实施之前,若由于资金、时间等方面的原因无法对方案实施区域进行生态监测,可选择扩展修复后设计法对生态基流保障方案进行评估。

第七章 | 结 论

本项研究按照"节水优先、空间均衡、系统治理、两手发力"的治水思路,以水资源承载能力为基础,以实现烟台市主要河流满足生态基流水量要求为目标,针对烟台市特点及当前河流生态存在的主要问题,采用多方法比选得出河道生态基流量,充分挖掘水资源利用潜力,科学确定生态基流补水水源,合理分配主要河段补水量。协调社会经济发展与生态环境用水短缺的矛盾问题,制定适宜的生态基流保障工程措施和管理措施,优化河道内闸坝调度方式,为实现烟台市水生态文明建设提供支撑与保障。

(1)多种方法比选,科学确定生态基流

为科学、合理地确定烟台市主要河道生态基流,系统梳理了国内外生态基流的计算方法,分析不同方法的优缺点。在此基础上,结合资料情况与本项研究的目的,对有水文资料的大沽夹河流域、五龙河流域和黄水河流域分别采用 Tennant 法、Q_P 法、历史最枯月径流法、阈值法计算生态基流。结果表明,Tennant 法和阈值法计算结果较为接近,计算出的全年生态基流均较大,相对能满足生态环境对于水量的要求,均可适用于烟台市河道生态基流的计算。而对其余 10 个流域,由于没有足够的资料满足前 3 种方法的计算要求,仅可采用阈值法计算生态需水量的全年值。经综合分析,确定烟台市 13 个重点流域均采用阈值法计算结果作为生态基流。

为获得生态基流的逐月值,确定合理的时程分配比例,将阈值法的计算结果分配至各月份。对有水文资料的流域,采用 Tennant 法年内不同时段值占全年值的比例,将阈值法的结果分配至各个月;对于没有水文资料的流域,采用邻近有水文资料流域的生态需水量分配系数进行阈值法时段分配计算。最终得到 13 个重点流域逐月生态基流。

(2)分析生态基流保障程度,诊断河道断流原因

通过大沽夹河流域的门楼水库水文站、福山水文站、臧格庄水文站,五龙河流域的沐浴水库站和团旺水文站以及黄水河流域的王屋水库站 2011—2018 年实测径流资料,与计算所得的不同时段生态基流的比较,评价现状情况下各断面

生态需水的满足程度。结果表明:除大沽夹河流域臧格庄水文站的全年天数保障程度达到了 93% 之外,其余断面的保障程度都低于 16%。

针对部分断面基流满足程度不高的现象,对烟台市主要河流断流原因进行诊断分析。近年来各主要河流断流,生态基流保障程度不高,主要原因是近年来降雨来水较少,水资源年内时空分布不均,且地下水大量开采使地表径流进一步衰减。此外,烟台市各行业长期处于用水紧缩的状态,很难有额外的水源用于河道生态补水,加剧了河道断流。

(3)多措并举,制定生态基流保障措施

为使流域内生态基流得到长期保障,从节约用水、补水水源、水量调配等角度提出生态基流长期保障措施。

通过对烟台市整体水资源利用现状与各典型流域水资源量及供、用现状进行分析,认为烟台市水资源利用效率较高,节约用水潜力不大。由于烟台市当地水资源量总体短缺,尤其近几年降水量较少,枯水期流域内水库往往接近死库容,难以采用水库放水,因而,补水水源主要考虑再生水、海水淡化及外调水。

由于流域内污水处理量较大,但水质较差,规划新建或扩建湿地,对污水处理厂尾水水质进一步提升后再排放至河道补充生态基流;烟台是滨海城市,海水淡化潜力巨大,淡化海水是对河道进行生态补水的重要水源;此外,外调水水质较好,可直接用于河道生态补水,但外调水量有限,供水目标多,可结合不同流域特点部分利用。

水量调配主要采用水库闸坝优化利用模型和水文水动力模型模拟得到:河道内满足生态需水量时,控制河段内坝址断面水深最大、回水长度最长的闸坝高度。

(4)合理确定生态补水时段,计算河段生态补水量

由于汛期来水情况复杂多变,难以确定河道内实际流量,因此生态补水时段为每年 10 月至翌年 6 月。设定汛期结束时河道水量满足 10 月份生态需水要求,从 10 月份之后开始计算河道生态补水量。

计算各河段生态补水量时,明确各流域的分析范围,通过流域内水文站多年平均蒸发值推算流域蒸发量;根据已有水文站资料,构建降雨-径流模型,计算各流域河道下渗水量,在此基础上计算各控制河段逐月生态补水量。

(5)因地制宜,制定各流域生态基流保障方案

选取大沽夹河、黄水河、五龙河、王河、东村河、界河、辛安河、沁水河、泳汶河、龙山河、平畅河和大沽河为典型河道,根据各典型河道水资源开发利用现状,统筹考虑再生水、海水淡化及外调水等各类补水水源使用的可能性,结合各流域

水功能区划要求选择适宜的生态补水水源。在此基础上,结合降雨-径流模型、水动力模型模拟分析,优化调度各河道内现有水利工程,充分挖掘水资源利用潜力。因地制宜,制定各流域生态基流保障方案,确定生态基流控制河段及控制断面,分析方案保障程度,并对各方案投资进行估算,各方案布局见附图2。

大沽夹河流域门楼水库至永福园橡胶坝段采用外调水置换流域内其他用水进行补充,老岚水库至大沙埠橡胶坝段采用老岚水库设计下泄生态流量保障河道生态用水,永福园橡胶坝下游段采用污水厂尾水经湿地净化后补充河道用水。

黄水河流域、王河流域、辛安河流域、泳汶河流域、龙山河流域和平畅河流域为满足控制河段水功能区划要求,采用外调水在各流域内调蓄水库新增分水量,置换流域内其他用水,以此保障河道生态基流。

五龙河流域、东村河流域、界河流域、沁水河流域不存在地下水库,且水质目标要求较低,规划采用污水处理厂尾水经湿地二次净化后排入河道,保障生态基流。

大沽河流域现状生态基流较难保障,应酌情新建拦河闸坝增加汛期拦蓄水量,并增加城子水库和勾山水库下泄水量以保障河道生态基流。

本研究中所建议生态补水方案均为枯水年所采用方案,丰水年时应优先考虑增大水库泄洪量并配合下游闸坝拦蓄以补充河道生态用水。

各河道生态基流控制断面逐月生态流量见附表12。

各河道生态基流保障措施及投资估算汇总见附表13。

(6)开展水生态监测,评估生态基流保障方案

在烟台市主要流域生态基流保障方案实施之后,运用科学的方法,开展水生态监测。通过对水文、水质、水生生物等水生态要素的监测和数据收集,分析评价水生态的变化,了解、分析、评价水体的生态状况和功能。根据水体的生态状况和功能,对生态基流保障方案作出评估。

附表

附表1   各水文站径流还原结果

单位:万 m³

年份 (年)	福山	臧格庄	门楼水库	团旺	沐浴水库	王屋水库
1956	—	—	31 934	—	—	—
1957	—	—	11 036	—	—	—
1958	—	—	7 960	—	—	—
1959	—	—	28 532	—	—	—
1960	—	14 803	25 286	76 809	10 929	7 927
1961	—	7 141	14 809	41 734	8 093	5 296
1962	—	21 180	43 381	98 998	21 363	11 532
1963	—	16 678	35 472	63 711	12 238	9 624
1964	—	25 915	54 882	191 261	30 132	17 283
1965	—	13 654	41 008	87 333	11 979	7 651
1966	—	4 647	13 289	27 023	8 391	2 817
1967	13 291	7 166	17 662	29 510	5 561	4 877
1968	6 396	2 642	5 802	16 740	2 304	1 060
1969	16 716	6 145	9 746	33 508	5 828	4 045
1970	35 234	9 347	25 686	76 738	9 714	8 526
1971	39 446	15 376	32 566	69 409	13 214	9 479
1972	20 840	3 156	14 535	27 594	4 400	3 765
1973	38 706	15 249	32 487	56 488	8 649	10 541
1974	21 772	10 199	21 266	44 463	8 039	9 783
1975	43 544	15 208	33 004	95 168	10 072	12 229

续表

年份(年)	福山	臧格庄	门楼水库	团旺	沐浴水库	王屋水库
1976	41 193	21 483	51 035	77 451	14 899	14 865
1977	24 223	6 161	16 898	30 507	6 582	4 451
1978	31 810	13 181	28 310	44 601	9 830	9 700
1979	23 846	10 017	24 411	74 431	14 438	4 967
1980	8 261	4 444	8 875	27 602	4 177	4 680
1981	7 812	3 010	5 912	14 239	2 691	2 561
1982	12 508	15 458	32 905	26 579	8 628	10 009
1983	7 715	5 045	8 048	14 050	4 121	3 720
1984	9 348	5 661	11 550	21 322	5 492	2 487
1985	35 947	15 539	32 868	105 323	18 327	16 404
1986	4 603	2 518	4 034	19 804	2 753	2 167
1987	11 149	5 204	10 541	31 054	5 575	2 183
1988	6 851	1 697	2 134	29 282	3 075	690
1989	2 526	849	1 218	8 680	653	1 057
1990	22 816	10 900	20 379	81 290	13 255	8 088
1991	8 561	4 271	6 919	7 502	1 130	1 833
1992	4 051	5 166	7 608	9 111	1 922	3 675
1993	10 698	4 491	7 819	26 624	4 106	2 479
1994	22 276	7 193	20 998	59 686	10 096	5 843
1995	12 753	9 890	22 647	40 228	9 899	7 701
1996	11 645	8 484	20 245	53 976	11 046	7 874
1997	17 526	5 531	14 958	32 516	3 273	2 375
1998	19 160	6 161	14 266	38 966	3 185	5 332
1999	25	2 443	781	1 451	0	271
2000	14	1 736	938	2 378	0	162
2001	24 918	14 067	25 110	64 327	11 202	11 680
2002	2 185	2 458	1 743	8 064	334	689

续表

年份 （年）	福山	臧格庄	门楼水库	团旺	沐浴水库	王屋水库
2003	35 353	9 934	25 166	79 161	15 002	7 757
2004	11 363	7 608	13 527	45 941	5 638	3 068
2005	15 003	5 866	7 287	44 873	3 850	1 990
2006	10 848	5 880	8 932	1 328	3 375	1 863
2007	51 728	14 512	36 288	99 598	15 259	8 030
2008	28 980	16 740	42 533	57 739	10 064	8 059
2009	4 932	6 198	11 334	22 052	4 827	4 791
2010	11 865	12 703	21 286	44 839	11 322	8 351
2011	25 765	13 487	34 755	66 252	10 759	4 153
2012	8 884	11 608	28 780	40 409	8 487	3 630
2013	21 406	23 976	51 823	74 086	18 215	13 981
2014	6 769	4 951	11 608	28 297	3 427	1 152
2015	1 788	4 354	3 462	16 199	1 472	1 406
2016	1 410	5 662	0	3 801	0	1 765

附表 2 Tennant 法生态需水量

水文站	项目	1月	2月	3月	4月	5月	6月	7月	8月	9月	10月	11月	12月	全年值
门楼水库	多年平均径流量（万 m³）	404	373	418	428	479	662	4 616	7 408	3 388	871	582	446	19 884
	多年平均流量（m³/s）	1.51	1.53	1.56	1.65	1.79	2.55	15.23	25.66	13.07	3.25	2.25	1.67	6.31
	生态需水量（万 m³）	40	37	42	43	48	66	462	741	339	87	58	45	1 988
冰浴水库	多年平均径流量（万 m³）	129	119	173	221	209	311	2 288	2 986	1 013	246	216	142	7 953
	多年平均流量（m³/s）	0.48	0.49	0.64	0.85	0.78	1.20	8.54	11.15	3.91	0.92	0.83	0.53	2.52
	生态需水量（万 m³）	13	12	17	22	21	31	229	299	101	25	22	14	795
王屋水库	多年平均径流量（万 m³）	90	91	95	103	151	286	1 741	2 303	674	158	145	100	5 866
	多年平均流量（m³/s）	0.33	0.37	0.35	0.40	0.56	1.10	6.50	8.60	2.60	0.59	0.56	0.37	1.86
	生态需水量（万 m³）	9	9	9	10	15	29	174	230	67	16	14	10	587
团旺	多年平均径流量（万 m³）	672	507	852	1 153	1 133	1 563	11 735	17 298	7 302	1 882	1 157	855	46 036
	多年平均流量（m³/s）	2.51	2.08	3.18	4.45	4.23	6.03	43.81	64.58	28.17	5.03	4.46	3.19	14.60
	生态需水量（万 m³）	67	51	85	115	113	156	1 174	1 730	730	188	116	85	4 604
福山	多年平均径流量（万 m³）	99	93	177	199	155	644	3 714	7 766	2 249	503	259	140	15 976
	多年平均流量（m³/s）	0.37	0.38	0.66	0.77	0.58	2.48	13.87	29.00	8.68	1.88	1.00	0.52	5.07
	生态需水量（万 m³）	10	9	18	20	15	64	371	777	225	50	26	14	1 598
臧格庄	多年平均径流量（万 m³）	177	155	200	173	254	370	1 899	3 208	1 117	415	251	220	8 421
	多年平均流量（m³/s）	0.66	0.64	0.75	0.67	0.95	1.43	5.09	11.98	4.31	1.55	0.97	0.82	2.67
	生态需水量（万 m³）	18	16	20	17	25	37	190	321	112	41	25	22	842

附表 3 各流域生态需水量分配系数

流域	1月	2月	3月	4月	5月	6月	7月	8月	9月	10月	11月	12月
大沽河	0.015	0.015	0.016	0.018	0.026	0.049	0.297	0.393	0.115	0.027	0.025	0.017
大沽夹河	0.016	0.014	0.019	0.018	0.021	0.039	0.230	0.413	0.148	0.042	0.025	0.019
东村河	0.015	0.011	0.019	0.025	0.025	0.034	0.255	0.376	0.159	0.041	0.025	0.019
黄金河	0.016	0.014	0.019	0.018	0.021	0.039	0.230	0.413	0.148	0.042	0.025	0.019
黄水河	0.015	0.015	0.016	0.018	0.026	0.049	0.297	0.393	0.115	0.027	0.025	0.017
界河	0.015	0.015	0.016	0.018	0.026	0.049	0.297	0.393	0.115	0.027	0.025	0.017
龙山河	0.015	0.015	0.016	0.018	0.026	0.049	0.297	0.393	0.115	0.027	0.025	0.017
平畅河	0.016	0.014	0.019	0.018	0.021	0.039	0.230	0.413	0.148	0.042	0.025	0.019
沁水河	0.016	0.014	0.019	0.018	0.021	0.039	0.230	0.413	0.148	0.042	0.025	0.019
王河	0.015	0.015	0.016	0.018	0.026	0.049	0.297	0.393	0.115	0.027	0.025	0.017
五龙河	0.015	0.011	0.019	0.025	0.025	0.034	0.255	0.376	0.159	0.041	0.025	0.019
辛安河	0.016	0.014	0.019	0.018	0.021	0.039	0.230	0.413	0.148	0.042	0.025	0.019
泳汶河	0.016	0.014	0.019	0.018	0.021	0.039	0.230	0.413	0.148	0.042	0.025	0.019

附表 4 各流域生态需水量

单位：万 m³

流域	1 月	2 月	3 月	4 月	5 月	6 月	7 月	8 月	9 月	10 月	11 月	12 月	全年值
大沽河	22.79	23.14	24.07	26.21	38.47	72.84	443.19	586.05	171.60	40.11	36.86	25.35	1 510.68
大沽夹河	93.72	84.72	110.14	107.44	125.82	231.40	1 359.09	2 441.42	873.98	245.29	148.30	112.97	5 934.29
东村河	8.81	6.65	11.18	15.12	14.85	20.49	153.87	226.80	95.74	24.67	15.17	11.21	604.56
黄金河	2.26	2.04	2.65	2.59	3.03	5.57	32.72	58.78	21.04	5.91	3.57	2.72	142.88
黄水河	26.46	26.87	27.95	30.43	44.66	84.58	514.58	680.46	199.24	46.58	42.80	29.43	1 754.04
界河	16.28	16.53	17.20	18.72	27.48	52.04	316.61	418.68	122.59	28.66	26.34	18.11	1 079.24
龙山河	3.09	3.14	3.26	3.55	5.21	9.87	60.06	79.43	23.26	5.44	5.00	3.44	204.75
平畅河	7.30	6.60	8.58	8.37	9.80	18.02	105.86	190.17	68.08	19.11	11.55	8.80	462.24
沁水河	9.16	8.28	10.77	10.50	12.30	22.62	132.88	238.70	85.45	23.98	14.50	11.04	580.18
王河	14.46	14.68	15.27	16.63	24.40	46.21	281.17	371.81	108.87	25.45	23.39	16.08	958.42
五龙河	103.10	77.84	130.86	177.08	173.87	239.95	1 801.54	2 655.48	1 121.00	288.88	177.62	131.21	7 078.43
辛安河	9.95	9.00	11.70	11.41	13.36	24.57	144.31	259.23	92.80	26.04	15.75	11.99	630.11
泳汶河	4.05	3.66	4.76	4.64	5.44	10.00	58.71	105.47	37.75	10.60	6.41	4.88	256.37

附表5 福山站2011—2018年保障程度

年份(年)	研究	1月	2月	3月	4月	5月	6月	7月	8月	9月	10月	11月	12月	汛期	非汛期	全年
2011	保障天数(d)	0	0	0	0	0	4	9	23	9	0	0	0	45	0	45
	保障程度(%)	0	0	0	0	0	13	29	74	30	0	0	0	37	0	12
2012	保障天数(d)	0	0	0	0	0	0	8	10	0	0	0	0	18	0	18
	保障程度(%)	0	0	0	0	0	0	26	32	0	0	0	0	15	0	5
2013	保障天数(d)	0	0	0	0	0	0	21	9	1	0	0	0	31	0	31
	保障程度(%)	0	0	0	0	0	0	68	29	3	0	0	0	25	0	8
2014	保障天数(d)	0	0	0	0	0	0	6	0	0	0	0	0	6	0	6
	保障程度(%)	0	0	0	0	0	0	19	0	0	0	0	0	5	0	2
2015	保障天数(d)	0	0	0	0	0	0	0	1	0	0	0	0	1	0	1
	保障程度(%)	0	0	0	0	0	0	0	3	0	0	0	0	1	0	0
2016	保障天数(d)	0	0	0	0	0	0	0	0	0	0	0	0	0	0	0
	保障程度(%)	0	0	0	0	0	0	0	0	0	0	0	0	0	0	0
2017	保障天数(d)	0	0	0	0	0	0	0	7	0	0	0	0	7	0	7
	保障程度(%)	0	0	0	0	0	0	0	23	0	0	0	0	6	0	2
2018	保障天数(d)	0	0	0	0	0	0	1	0	0	0	0	0	1	0	1
	保障程度(%)	0	0	0	0	0	0	3	0	0	0	0	0	1	0	0
多年平均	保障天数(d)	0.00	0.00	0.00	0.00	0.00	0.50	5.63	6.25	1.25	0.00	0.00	0.00	13.63	0.00	13.63
	保障程度(%)	0	0	0	0	0	2	18	20	4	0	0	0	11	0	4

附表 6　臧格庄站 2011—2018 年保障程度

年份（年）	研究	1月	2月	3月	4月	5月	6月	7月	8月	9月	10月	11月	12月	汛期	非汛期	全年
2011	保障天数（d）	31	28	31	30	31	30	31	31	30	31	30	31	122	243	365
	保障程度（%）	100	100	100	100	100	100	100	100	100	100	100	100	100	100	100
2012	保障天数（d）	31	29	31	30	31	30	27	31	30	31	30	31	118	244	362
	保障程度（%）	100	100	100	100	100	100	87	100	100	100	100	100	97	100	99
2013	保障天数（d）	31	28	31	30	31	30	29	31	30	31	30	31	120	243	363
	保障程度（%）	100	100	100	100	100	100	94	100	100	100	100	100	98	100	99
2014	保障天数（d）	31	28	31	30	31	23	13	13	30	31	30	31	79	243	322
	保障程度（%）	100	100	100	100	100	77	42	42	100	100	100	100	65	100	88
2015	保障天数（d）	31	28	31	30	27	20	6	18	30	31	30	31	74	239	313
	保障程度（%）	100	100	100	100	87	67	19	58	100	100	100	100	61	98	86
2016	保障天数（d）	31	29	31	30	31	17	11	31	30	31	30	31	89	244	333
	保障程度（%）	100	100	100	100	100	57	35	100	100	100	100	100	73	100	91
2017	保障天数（d）	31	28	31	30	15	7	17	31	30	31	30	31	85	227	312
	保障程度（%）	100	100	100	100	48	23	55	100	100	100	100	100	70	93	85
2018	保障天数（d）	31	28	31	30	19	21	31	31	30	31	30	31	113	231	344
	保障程度（%）	100	100	100	100	61	70	100	100	100	100	100	100	93	95	94
多年平均	保障天数（d）	31.00	28.25	31.00	30.00	25.00	22.25	20.63	25.13	30.00	31.00	30.00	31.00	100.00	239.25	339.25
	保障程度（%）	100	100	100	100	87	74	67	88	100	100	100	100	82	98	93

附表 7　门楼水库站 2011—2018 年保障程度

年份(年)	研究	1月	2月	3月	4月	5月	6月	7月	8月	9月	10月	11月	12月	汛期	非汛期	全年
2011	保障天数(d)	0	0	0	0	0	0	0	0	17	22	23	15	17	60	77
	保障程度(%)	0	0	0	0	0	0	0	0	57	71	77	48	14	25	21
2012	保障天数(d)	6	20	25	30	18	3	12	16	22	0	9	0	53	108	161
	保障程度(%)	19	71	81	100	58	10	39	52	73	0	30	0	43	44	44
2013	保障天数(d)	7	11	31	30	31	2	22	23	30	6	0	0	77	116	193
	保障程度(%)	23	39	100	100	100	7	71	74	100	19	0	0	63	48	53
2014	保障天数(d)	3	0	1	3	2	1	7	6	0	0	0	0	14	9	23
	保障程度(%)	10	0	3	10	6	3	23	19	0	0	0	0	11	4	6
2015	保障天数(d)	0	0	0	0	0	0	0	0	0	0	0	0	0	0	0
	保障程度(%)	0	0	0	0	0	0	0	0	0	0	0	0	0	0	0
2016	保障天数(d)	0	0	0	0	0	0	0	0	0	0	0	0	0	0	0
	保障程度(%)	0	0	0	0	0	0	0	0	0	0	0	0	0	0	0
2017	保障天数(d)	0	0	0	0	0	0	0	1	0	1	0	0	1	1	2
	保障程度(%)	0	0	0	0	0	0	0	3	0	3	0	0	1	0	1
2018	保障天数(d)	0	0	0	0	0	0	0	0	0	0	0	0	0	0	0
	保障程度(%)	0	0	0	0	0	0	0	0	0	0	0	0	0	0	0
多年平均	保障天数(d)	2.00	3.88	7.13	7.88	6.38	0.75	5.13	5.75	8.63	3.63	4.00	1.88	20.25	36.75	57
	保障程度(%)	6	14	23	26	21	3	17	19	29	12	13	6	17	15	16

附表8 团旺站2011—2018年保障程度

年份(年)	研究	1月	2月	3月	4月	5月	6月	7月	8月	9月	10月	11月	12月	汛期	非汛期	全年
2011	保障天数(d)	17	28	31	30	31	5	31	31	30	31	30	31	97	229	326
	保障程度(%)	55	100	100	100	100	17	100	100	100	100	100	100	80	94	89
2012	保障天数(d)	30	29	31	29	31	27	27	31	30	30	30	31	115	241	356
	保障程度(%)	97	100	100	97	100	90	87	100	100	97	100	100	94	99	98
2013	保障天数(d)	31	28	31	30	25	29	25	31	29	31	30	31	114	237	351
	保障程度(%)	100	100	100	100	81	97	81	100	97	100	100	100	93	98	96
2014	保障天数(d)	31	28	27	24	25	29	10	23	27	31	30	31	89	227	316
	保障程度(%)	100	100	87	80	81	97	32	74	90	100	100	100	73	93	87
2015	保障天数(d)	31	28	31	30	30	1	1	16	24	29	30	31	42	240	282
	保障程度(%)	100	100	100	100	97	3	3	52	80	94	100	100	34	99	77
2016	保障天数(d)	31	29	27	28	27	13	0	0	0	12	12	18	13	184	197
	保障程度(%)	100	104	87	93	87	43	0	0	0	39	40	58	11	76	54
2017	保障天数(d)	27	15	0	4	3	0	14	31	30	31	30	31	75	141	216
	保障程度(%)	87	54	0	13	10	0	45	100	100	100	100	100	61	58	59
2018	保障天数(d)	31	28	31	30	31	30	31	28	30	31	30	31	119	243	362
	保障程度(%)	100	97	100	100	100	100	100	90	100	100	100	100	98	100	99
多年平均	保障天数(d)	28.63	26.63	26.13	25.63	25.38	16.75	15.38	23.88	25.00	28.25	25.75	29.38	83.00	215.75	300.75
	保障程度(%)	92	94	84	85	82	56	56	77	83	91	93	95	68	90	82

附表 9　沐浴水库站 2011—2018 年保障程度

年份(年)	研究	1月	2月	3月	4月	5月	6月	7月	8月	9月	10月	11月	12月	汛期	非汛期	全年
2011	保障天数(d)	0	0	0	0	0	0	0	0	0	0	0	0	0	0	0
	保障程度(%)	0	0	0	0	0	0	0	0	0	0	0	0	0	0	0
2012	保障天数(d)	0	0	2	8	30	3	0	13	29	0	0	0	45	40	85
	保障程度(%)	0	0	6	27	97	10	0	42	97	0	0	0	37	16	23
2013	保障天数(d)	0	1	31	11	0	6	19	31	27	0	0	0	83	43	126
	保障程度(%)	0	3	100	37	0	20	61	100	90	0	0	0	68	18	35
2014	保障天数(d)	0	0	8	17	0	0	3	0	0	0	0	0	3	25	28
	保障程度(%)	0	0	26	57	0	0	10	0	0	0	0	0	2	10	8
2015	保障天数(d)	0	0	0	0	0	0	0	0	0	0	0	0	0	0	0
	保障程度(%)	0	0	0	0	0	0	0	0	0	0	0	0	0	0	0
2016	保障天数(d)	0	0	0	0	0	0	0	0	0	0	0	0	0	0	0
	保障程度(%)	0	0	0	0	0	0	0	0	0	0	0	0	0	0	0
2017	保障天数(d)	0	0	0	0	0	0	0	0	0	0	0	0	0	0	0
	保障程度(%)	0	0	0	0	0	0	0	0	0	0	0	0	0	0	0
2018	保障天数(d)	0	0	0	0	0	0	0	0	0	0	0	0	0	0	0
	保障程度(%)	0	0	0	0	0	0	0	0	0	0	0	0	0	0	0
多年平均	保障天数(d)	0.00	0.13	5.13	4.50	3.75	1.13	2.75	5.50	5.00	0.00	0.00	0.00	16.38	13.50	29.88
	保障程度(%)	0	0	17	15	12	4	9	18	23	0	0	0	13	6	8

附表 10　王屋水库站 2011—2018 年保障程度

年份（年）	研究	1月	2月	3月	4月	5月	6月	7月	8月	9月	10月	11月	12月	汛期	非汛期	全年
2011	保障天数(d)	0	0	0	1	0	0	0	0	0	0	0	0	0	1	1
	保障程度(%)	0	0	0	3	0	0	0	0	0	0	0	0	0	0	0
2012	保障天数(d)	0	0	0	0	0	3	0	0	0	0	0	0	3	0	3
	保障程度(%)	0	0	0	0	0	10	0	0	0	0	0	0	2	0	1
2013	保障天数(d)	0	0	0	0	0	0	17	0	0	0	0	0	17	0	17
	保障程度(%)	0	0	0	0	0	0	55	0	0	0	0	0	14	0	5
2014	保障天数(d)	0	0	0	0	0	4	0	0	0	0	0	0	4	0	4
	保障程度(%)	0	0	0	0	0	13	0	0	0	0	0	0	3	0	1
2015	保障天数(d)	0	0	0	0	0	0	0	0	0	0	0	0	0	0	0
	保障程度(%)	0	0	0	0	0	0	0	0	0	0	0	0	0	0	0
2016	保障天数(d)	0	0	0	0	0	0	0	0	0	0	0	0	0	0	0
	保障程度(%)	0	0	0	0	0	0	0	0	0	0	0	0	0	0	0
2017	保障天数(d)	0	0	0	0	0	0	0	9	0	0	0	0	9	0	9
	保障程度(%)	0	0	0	0	0	0	0	29	0	0	0	0	7	0	2
2018	保障天数(d)	0	0	0	0	0	0	0	9	0	0	0	0	9	0	9
	保障程度(%)	0	0	0	0	0	0	0	29	0	0	0	0	7	0	2
多年平均	保障天数(d)	0.00	0.00	0.00	0.13	0.00	0.88	2.13	2.25	0.00	0.00	0.00	0.00	5.25	0.13	5.38
	保障程度(%)	0	0	0	0	0	3	7	7	0	0	0	0	4	0	1

附表 11 烟台市污水处理厂运行现状统计表

序号	单位名称	所在行政区	处理工艺	污水处理量（万 t/d）			再生水产量（万 t/d）				再生水利用率（%）
				处理生活污水量	处理工业污水量	总计	工业用水	市政用水	景观用水	总计	
1	烟台碧海水务有限公司	芝罘区	A2/O工艺	4.16	0.00	4.16	0.00	0.00	4.16	4.16	100.0
2	招远市桑德水务有限公司	招远市	A2/O工艺	5.05	1.26	6.31	0.00	0.00	6.31	6.31	100.0
3	烟台中联环污水处理有限公司	经济技术开发区	氧化沟类	2.73	1.82	4.55	0.00	0.10	0.40	0.50	11.0
4	莱州莱润洁股份有限公司	莱州市	A2/O工艺	4.14	0.13	4.27	0.25	0.18	0.00	0.43	10.07
5	烟台市奎子湾污水处理有限公司（二期工程）	芝罘区	MBR类	9.02	1.35	10.37	0.61	0.00	0.00	0.61	5.89
6	蓬莱市碧海污水处理有限公司	蓬莱市	A2/O工艺	2.62	0.65	3.27	0.00	0.07	0.00	0.07	2.14
7	烟台市奎子湾污水处理有限公司	芝罘区	A2/O工艺	18.47	2.76	21.23	0.00	0.00	0.00	0.00	0.00
8	中信环境水务（烟台）有限公司	牟平区	MBR类	0.87	1.61	2.48	0.00	0.00	0.00	0.00	0.00
9	山东丽鹏股份有限公司	牟平区	生物接触氧化法	0.00	0.003	0.003	0.00	0.00	0.00	0.00	0.00
10	长岛县污水处理厂	长岛县	A2/O工艺	0.009	0.00	0.009	0.00	0.00	0.00	0.00	0.00
11	烟台北控水质净化有限公司（潮水镇污水处理厂）	经济技术开发区	氧化沟类	0.33	0.006	0.39	0.00	0.00	0.00	0.00	0.00
12	烟台新城污水处理有限公司	经济技术开发区	其他	0.87	3.50	4.37	0.00	0.00	0.00	0.00	0.00
13	辛安河污水处理有限公司	高新技术产业开发区	A2/O工艺	9.53	2.38	11.91	0.00	0.00	0.00	0.00	0.00

续表

序号	单位名称	所在行政区	处理工艺	污水处理量(万 t/d)			再生水产量(万 t/d)				再生水利用率(%)
				处理生活污水量	处理工业污水量	总计	工业用水	市政用水	景观用水	总计	
14	东海黄金海岸污水处理厂	龙口市	A2/O工艺	0.30	0.00	0.30	0.00	0.00	0.00	0.00	0.00
15	南山世纪花园污水处理厂	龙口市	A2/O工艺	0.60	0.00	0.60	0.00	0.00	0.00	0.00	0.00
16	东海大学污水处理站	龙口市	A/O工艺	0.37	0.00	0.37	0.00	0.00	0.00	0.00	0.00
17	东海外国语学校污水处理站	龙口市	A/O工艺	0.35	0.00	0.35	0.00	0.00	0.00	0.00	0.00
18	龙口市污水处理厂	龙口市	A2/O工艺	1.86	0.21	2.07	0.00	0.00	0.00	0.00	0.00
19	龙口市第二污水处理厂	龙口市	A2/O工艺	1.48	0.00	1.48	0.00	0.00	0.00	0.00	0.00
20	龙口市黄水河污水处理厂	龙口市	A2/O工艺	0.29	1.62	1.91	0.00	0.00	0.00	0.00	0.00
21	莱阳市食品工业园污水处理有限公司	莱阳市	A2/O工艺	0.22	1.86	2.08	0.00	0.00	0.00	0.00	0.00
22	莱阳市污水处理厂	莱阳市	A2/O工艺	9.02	1.06	10.08	0.00	0.00	0.00	0.00	0.00
23	莱阳市第二污水处理厂	莱阳市	A2/O工艺	1.55	2.33	3.88	0.00	0.00	0.00	0.00	0.00
24	蓬莱市小门家污水处理厂	蓬莱市	氧化还原法	0.25	0.03	0.28	0.00	0.00	0.00	0.00	0.00
25	北沟镇综合污水处理厂	蓬莱市	A2/O工艺	0.03	0.84	0.87	0.00	0.00	0.00	0.00	0.00
26	夏甸镇污水处理厂	招远市	A2/O工艺	0.01	0.00	0.01	0.00	0.00	0.00	0.00	0.00
27	蚕庄镇污水处理厂	招远市	A2/O工艺	0.03	0.00	0.03	0.00	0.00	0.00	0.00	0.00
28	阜山镇污水处理厂	招远市	A2/O工艺	0.01	0.00	0.01	0.00	0.00	0.00	0.00	0.00

续表

序号	单位名称	所在行政区	处理工艺	污水处理量（万 t/d）			再生水产量（万 t/d）				再生水利用率（%）
				处理生活污水量	处理工业污水量	总计	工业用水	市政用水	景观用水	总计	
29	招远市滨海科技产业园污水处理厂	招远市	A2/O工艺	0.20	0.00	0.20	0.00	0.00	0.00	0.00	0.00
30	桃村镇污水处理厂	栖霞市	厌氧生物处理法	0.17	0.00	0.17	0.00	0.00	0.00	0.00	0.00
31	栖霞市污水处理厂	栖霞市	生物接触氧化法	1.68	0.03	1.71	0.00	0.00	0.00	0.00	0.00
32	栖霞市中桥污水处理厂	栖霞市	生物接触氧化法	1.48	0.16	1.64	0.00	0.00	0.00	0.00	0.00
33	海阳康达环保水务有限公司	海阳市	氧化沟类	1.48	0.52	2.00	0.00	0.00	0.00	0.00	0.00
34	海阳行村康达水务有限公司	海阳市	A2/O工艺	0.89	0.29	1.18	0.00	0.00	0.00	0.00	0.00
35	海阳北控水务有限公司	海阳市	A2/O工艺	2.72	0.02	2.74	0.00	0.00	0.00	0.00	0.00
合计	/	/	/	82.87	24.52	107.39	0.86	0.35	10.87	12.08	11.25

附表 12　各河道控制断面逐月生态流量

控制断面逐月生态流量（m³/s）

序号	河流名称	控制断面	断面类型	1月	2月	3月	4月	5月	6月	10月	11月	12月
1	大沽夹河	新夹河大桥	国控	0.349 9	0.003 5 0	0.411 2	0.414 5	0.469 8	0.892 7	0.915 8	0.572 1	0.421 8
2	五龙河	桥头	国控	0.384 9	0.003 2 2	0.488 6	0.683 2	0.649 2	0.925 7	1.078 6	0.685 3	0.489 9
3	黄水河	烟潍路桥	国控	0.009 88	0.001 1 1	0.104 4	0.117 4	0.166 7	0.326 3	0.173 9	0.165 1	0.109 9
4	王河	后邓大桥	—	0.005 4 0	0.006 1	0.005 7 0	0.006 4 2	0.009 1 1	0.178 3	0.009 5 0	0.009 0 2	0.006 0 0
5	东村河	东村河入海口	国控	0.003 2 9	0.002 7	0.004 1 7	0.005 8 3	0.005 5 4	0.007 9 1	0.009 2 0	0.005 8 5	0.004 1 9
6	界河	玲珑路大桥	—	0.006 0 8	0.006 8	0.006 4 2	0.007 2 2	0.102 6	0.200 8	0.107 0	0.101 6	0.006 7 6
7	辛安河	菊花山路桥	国控	0.003 7 1	0.003 7	0.004 3 7	0.004 4 0	0.004 9 9	0.009 4 8	0.009 7 2	0.006 0 8	0.004 4 8
8	沁水河	烟威路桥	国控	0.003 4 2	0.003 4	0.004 0 2	0.004 0 5	0.004 5 9	0.008 7 3	0.008 9 5	0.005 5 9	0.004 1 2
9	泳汶河	后田	国控	0.001 5 1	0.001 5	0.001 7 8	0.001 7 9	0.002 0 3	0.003 8 6	0.003 9 6	0.002 4 7	0.001 8 2
10	龙山河	大皂孙家	国控	0.001 1 5	0.001 3	0.001 2 2	0.001 3 7	0.001 9 5	0.003 8 1	0.002 0 3	0.001 9 3	0.001 2 8
11	平畅河	平畅河入海口	国控	0.002 7 3	0.002 7	0.003 2	0.003 2 3	0.003 6	0.006 9 5	0.007 1 5	0.004 4 6	0.003 2 9
12	大沽河	臧家村	—	0.008 5 1	0.009 6	0.008 9 9	0.101 1	0.143 6	0.281 0	0.149 8	0.142 2	0.009 4 6

附表 13 各河道生态基流保障措施及投资估算汇总表

序号	河流名称	控制河段	生态水量目标（万 m³）	生态补水量（万 m³）	水质目标	保障方案及措施	可补给水量（万 m³）	投资估算（万元）
1	大沽夹河	门楼水库至永福园橡胶坝	132.91	343.01	Ⅲ	门楼水库分水口新增外调分水量343.01万 m³，补充生产生活用水，置换部分水源补充河道，并配合闸坝联合调度保障生态用水	343.01	1 184.07
		老岚水库至大沙埠橡胶坝	279.53	505.71	Ⅲ	近期以现有 9 座梯级拦河闸坝联合调度保障生态需水要求，老岚水库建成后采用老岚河闸坝联合调度方式调度保障生态需水要求，远期放水并配合梯级河闸坝联合调度保障流量控制河段内生态需水要求	505.71	—
		营家岛橡胶坝至入海口段	40.69	154.74	Ⅳ	南郊污水处理厂或奎子湾污水处理厂尾水经人工湿地净化后补充河道，并应在人海口处酌情修建拦河闸。需新建 2 万 m³/d南郊工业再生水厂，225 亩南潜流式人工湿地	154.74	16 495.50
2	五龙河	陶格庄拦河闸至香岛橡胶坝段	401.64	724.40	Ⅴ	莱阳市污水处理厂和食品工业园污水处理厂尾水经人工湿地净化后补充河道，并配合闸坝联合调度保障生态用水。需新建 285 亩莱阳市污水处理厂尾水人工湿地，284 亩第二污水处理厂尾水人工湿地，133 亩食品工业园污水处理厂尾水湿地工程	724.40	11 135.50
3	黄水河	侧高橡胶坝至黄河营橡胶坝	99.94	468.68	Ⅳ	王屋水库分水口新增外调分水量468.68万 m³，补充生活生产用水，置换部分水源补充河道，并配合闸坝联合调度保障生态用水	468.68	1 294.96

续表

序号	河流名称	控制河段	生态水量目标（万 m³）	生态补水量（万 m³）	水质目标	保障方案及措施	可补给水量（万 m³）	投资估算（万元）
4	王河	过西橡胶坝至西由街西闸	11.44	183.68	V	赵家水库或玖上水库分水口处新增外调水分水量183.68万 m³，补充生活生产用水，置换部分水源补充河道，并配合闸坝联合调度保障生态用水	183.68	346.24
5	东村河	石人泊桥橡胶坝至金泉河入海口橡胶坝	37.09	85.45	IV	海阳康达环保水务有限公司和海阳北控水务有限公司尾水经人工湿地净化后补充河道，并配合闸坝联合调度保障生态用水，需新建1万 m³/d海阳康达环保水务有限公司工业再生水厂，0.5万 m³/d海阳北控水务有限公司工业再生水厂，67.5亩潜流式人工湿地	85.45	8 848.65
6	界河	金泉河1号橡胶坝至金泉河8号橡胶坝	21.38	37.23	V	招远市桑德水务有限公司尾水经人工湿地净化后补充河道，并配合闸坝联合调度保障生态用水	37.23	—
7	辛安河	大山后橡胶坝至辛安橡胶坝	10.33	39.00	III	高陵水库分水口新增外调水分水量39.03万 m³，补充生活生产用水，置换部分水源补充河道，并配合闸坝联合调度保障生态用水	39.00	155.38
8	沁水河	热电厂橡胶坝至泵山橡胶坝	26.95	129.22	IV	中信环境水务（烟台）有限公司尾水经人工湿地净化后补充河道，并配合闸坝联合调度保障生态用水，需新建2万 m³/d中信环境水务（烟台）有限公司工业再生水厂，90亩人工湿地	129.22	11 798.20

续表

序号	河流名称	控制河段	生态水量目标（万 m³）	生态补水量（万 m³）	水质目标	保障方案及措施	可补给水量（万 m³）	投资估算（万元）
9	泳汶河	洼西村西南侧至入海口段	6.44	132.68	V	泳汶河污水处理厂尾水经提升泵站提升至泳汶河生态湿地，经泳汶河生态湿地净化后排入泳汶河控制河段，补充生态用水，需新建 4 万 m³/d 提升泵站、168 亩泳汶河生态湿地	132.68	4 103.76
10	龙山河	战山水库至入海口段	14.85	67.31	V	蓬莱市碧海污水处理有限公司尾水经二次净化后排入龙山河补充生态用水，需新建 1 万 m³/d 蓬莱市碧海污水处理有限公司工业再生水厂，135 亩潜流式人工湿地	67.31	7 697.30
11	平畅河	淳于至入海口段	31.30	266.17	V	邱山水库分水口处增加外调水分水量 266.17 万 m³ 补充流域内生活及生产用水，置换部分水源用于保障河道生态用水	266.17	791.86
12	大沽河	城子水库至出境口段	36.45	111.55	III	丰水年，可通过城子水库和勾山水库增加下泄水量保证河道生态需水量。城子水库加固应考虑生态库容，预留生态水量，建议在城子水库下游段酌情修建 1～2 处拦河闸坝，增加河道拦蓄水量以保障河道生态用水	—	—
总计		—	1 150.94	3 248.83			3 137.28	63 851.42

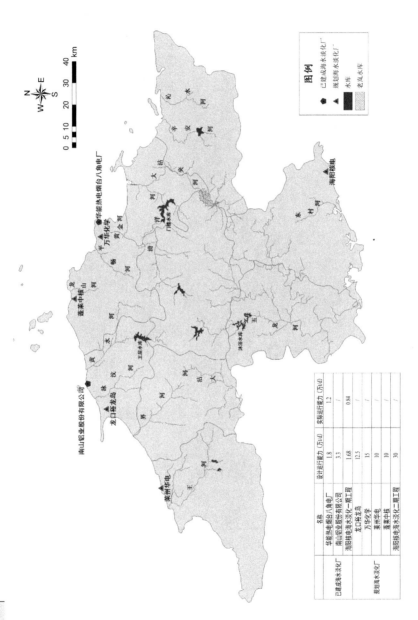

	名称	设计运行能力（万t/d）	实际运行能力（万t/d）
已建成海水淡化厂	华能热电烟台八角电厂	1.8	1.2
	南山铝业股份有限公司	3.3	/
	海阳核电海水淡化一期工程	1.68	0.84
	龙口裕龙岛	12.5	/
规划海水淡化厂	万华化学	15	/
	莱州华电	10	/
	蓬莱中核	10	/
	海阳核电烟台海水淡化二期工程	30	/

附图 1　烟台市海水淡化厂分布图

附　图

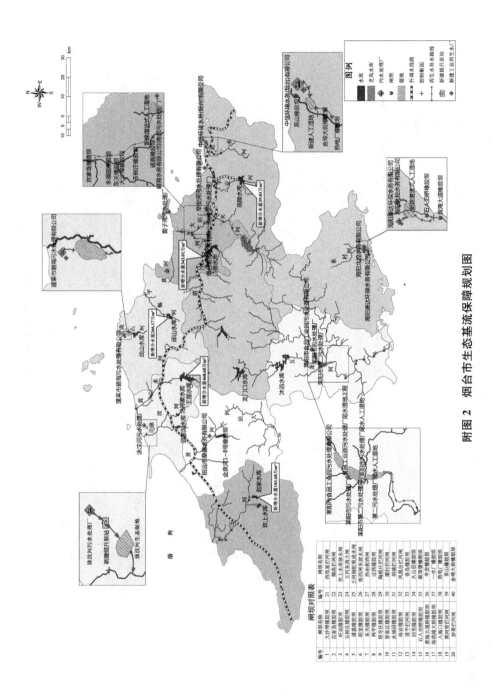

附图 2　烟台市生态基流保障规划图

参考文献

［1］ BUNN S E,ARTHINGTON A H. Basic principles and ecological consequences of al-
tered flow regimes for aquatic biodiversity［J］. Environmental Management,2002,30
(4):492-507.

［2］ CHEN H,SHAO D G,WU J X,et al. Research on the quantitative analysis of ecological
base flow in typical river sections of Guangdong Province［J］. South-to-North Water Di-
version and Water Science & Technology,2011,9(1):92-95.

［3］ CUI B S,TANG N,ZHAO X S,et al. A management-oriented valuation method to de-
termine ecological water requirement for wetlands in the Yellow River Delta of China［J］.
Journal for Nature Conservation,2009,17(3):129-141.

［4］ ESTES C C,ORSBORN J F. Review and analysis of methods for quantifying instream
flow requirements［J］. Jawra Journal of the American Water Resources Association,
1986,22(3):389-398.

［5］ PINAY G,CLÉMENT J C,NAIMAN R J. Basic principles and ecological consequences
of changing water regimes on Nitrogen cycling in fluvial systems［J］. Environmental
Management,2002,30(4):481-491.

［6］ GROISMAN P Y,KNIGHT R W,KARL T R. Heavy precipitation and high streamflow
in the contiguous United States:trends in the twentieth century［J］. Bulletin of the A-
merican Meteorological Society,2001,82(2):219-246.

［7］ HAWKINS C P,OLSON J,HILL R A. The reference condition:predicting benchmarks
for ecological and water-quality assessments［J］. Journal of the North American Bentho-
logical Society,2010,29(1):312-343.

［8］ JOWETT I G. Instream flow methods:a comparison of approaches［J］. Regulated
Rivers:Research & Management,1997,13(2):115-127.

［9］ KARIM K,GUBBELS M E,GOULTER I C. Review of determination of instream flow
requirements with special application to Australia［J］. Jawra Journal of the American
Water Resources Association,1995,31(6):1063-1077.

［10］ MEN B H. Ecological hydraulics radius model for estimating instream ecological water
requirement:a case application［J］. Applied Mechanics and Materials,2011,71-78:

2497-2500.

[11] O'H A D. Estimatingminimum instream flow requirements for Minnesota Streams from hydrologic data and watershed characteristics[J]. North American Journal of Fisheries Management,1995,15(3):569-578.

[12] POFF N L,ZIMMERMAN J K H. Ecological responses to altered flow regimes:a literature review to inform the science and management of environmental flows[J]. Freshwater Biology,2010,55(1):194-205.

[13] POST D M. Using stable isotopes to estimate trophic position:models,methods,and assumptions[J]. Ecology,2002,83(3):703-718.

[14] SONG J X,XU Z X,HUI Y H,et al. Instream flow requirements for sediment transport in the lower Weihe River[J]. Hydrological Processes,2010,24(24):3547-3557.

[15] SONG J X,XU Z X,LIU C M,et al. Ecological and environmental instream flow requirements for the Wei River—the largest tributary of the Yellow River[J]. Hydrological Processes,2007,21(8):1066-1073.

[16] XIAO Y C ,DONG F ,ZHANG X H ,et al. River ecological base flow based on distributed hydrological model of SWAT[J]. Journal of Sichuan University (Engineering Science Edition),2013,45(1):85-90.

[17] 陈昂,隋欣,廖文根,等. 我国河流生态基流理论研究回顾[J]. 中国水利水电科学研究院学报,2016,14(6):401-411.

[18] 戴文鸿,高嵩,张云,等. HEC-RAS 和 MIKE11 模型河床糙率应用比较研究[J]. 泥沙研究,2011 (6):41-45.

[19] 奉小忱,宋永会,曾清如,等. 不同植物人工湿地净化效果及基质微生物状况差异分析[J]. 环境科学研究,2011,24(9):1035-1041.

[20] 解利昕,李凭力,王世昌. 海水淡化技术现状及各种淡化方法评述[J]. 化工进展,2003,22(10):1081-1084.

[21] 解利昕,阮国岭,张耀江. 反渗透海水淡化技术现状与展望[J]. 中国给水排水,2000,16(3):24-27.

[22] 李嘉,王玉蓉,李克锋,等. 计算河段最小生态需水的生态水力学法[J]. 水利学报,2006,37(10):1169-1174.

[23] 李致家,黄鹏年,张建中,等. 新安江-海河模型的构建与应用[J]. 河海大学学报(自然科学版),2013,41(3): 189-195.

[24] 李致家,孔凡哲,王栋,等. 现代水文模拟与预报技术[M]. 南京:河海大学出版社,2010.

[25] 梁威,胡洪营. 人工湿地净化污水过程中的生物作用[J]. 中国给水排水,2003,19(10):28-31.

[26] 林启才,李怀恩. 宝鸡峡引水对渭河生态基流的影响及其保障研究[J]. 干旱区资源与

环境,2010,24(11):114-119.

[27] 刘静玲,杨志峰,肖芳,等. 河流生态基流量整合计算模型[J]. 环境科学学报,2005(4):436-441.

[28] 孟慧颖. 河流生态基流的计算方法及其适用性分析[J]. 科技传播,2013(9):135+127.

[29] 孙文杰,佘宗莲,关艳艳,等. 垂直流人工湿地净化污水的研究进展[J]. 安全与环境工程,2011,18(1):25-28+44.

[30] 谭永文,谭斌,王琪. 中国海水淡化工程进展[J]. 水处理技术,2007,33(1):1-3.

[31] 王菊翠,仵彦卿,丁华,等. 渭河(陕西段)河道生态需水量估算[J]. 干旱区资源与环境,2009,23(6):91-94.

[32] 王世昌. 海水淡化及其对经济持续发展的作用[J]. 化学工业与工程,2010,27(2):95-102.

[33] 王宜明. 人工湿地净化机理和影响因素探讨[J]. 昆明冶金高等专科学校学报,2000,16(2):1-6.

[34] 吴喜军,李怀恩,董颖,等. 基于基流比例法的渭河生态基流计算[J]. 农业工程学报,2011,27(10):154-159.

[35] 武玮,徐宗学,左德鹏. 渭河关中段生态基流量估算研究[J]. 干旱区资源与环境,2011,25(10):68-74.

[36] 徐宗学,武玮,于松延. 生态基流研究:进展与挑战[J]. 水力发电学报,2016,35(4):1-11.

[37] 于永强,沙晓军,刘俊,等. MIKE11模型的参数全局敏感性分析[J]. 中国农村水利水电,2016(6):64-67+76.

[38] 张洪刚,熊莹,邴建平,等. NAM模型与水资源配置模型耦合研究[J]. 人民长江,2008,39(17):15-17.

[39] 张泽聪,韩会玲,陈丽. 基于改进的Tennant法的大凌河生态基流计算[J]. 水电能源科学,2013,31(9):29-31.

[40] 赵凤伟. MIKE11 HD模型在下辽河平原河网模拟计算中的应用[J]. 水利科技与经济,2014(8):33-35.